Cianobactérias e Cianotoxinas em Águas Continentais

Maria do Carmo Calijuri
Michela Suely Adriani Alves
André Cordeiro Alves Dos Santos

RiMa
2006

Direitos reservados desta edição
RiMa Editora

Revisão, diagramação e fotolitos
RiMa Artes e Textos

C153c   Calijuri, Maria do Carmo
Cianobactérias e cianotoxinas em águas continentais /
Maria do Carmo Calijuri, Michela Suely Adriani Alves,
André Cordeiro Alves Dos Santos. – São Carlos: RiMa,
2006.

118p.

ISBN – 85-7656-102-6

1. Cianobactérias. 2. Cianotoxinas. 3. Água. I. Autor.
II. Título.

CDD – 574.9

RiMa Editora
www.rimaeditora.com.br

DIRLENE RIBEIRO MARTINS
PAULO DE TARSO MARTINS
Rua Oscar de Souza Geribelo, 232 – Santa Paula
13564-031 – São Carlos, SP
Fone: (0xx16) 3372-3238
Fax: (0xx16) 3372-3264

AGRADECIMENTOS

Os autores agradecem ao CNPq, pela bolsa de produtividade em pesquisa concedida ao primeiro deles, e à FAPESP, pelos auxílios às pesquisas que proporcionaram maior conhecimento no tema abordado neste livro (processos: 99/02892-7 e 02/13449-1).

Sumário

Prefácio

Semeando Água

"Enriquecemo-nos pela utilização pródiga dos nossos recursos naturais e podemos, com razão, orgulhar-nos do nosso progresso. Chegou, porém, o momento de refletirmos seriamente sobre o que acontecerá quando as nossas florestas tiverem desaparecido, quando o carvão, o ferro e o petróleo se esgotarem, quando o solo estiver mais empobrecido ainda, levado para os rios, poluindo as suas águas, desnudando os campos e dificultando a navegação." No início dos anos 70, uma incontável geração de biólogos em todo o mundo lia com atenção as palavras proferidas por Théodore Roosevelt, durante a Conferência sobre a Conservação dos Recursos Naturais no início do século XX, registradas na introdução de um dos livros marcantes sobre as relações entre o ser humano e a natureza: *Antes que a natureza morra* (*Avant que nature meure, pour une écologie politique*), de Jean Dorst. No Brasil, a aceitação dessa obra foi imediata; vários professores naturalistas e biólogos a adotaram com o intuito de estimular o pensamento sobre a natureza, seus recursos e o ser humano, os conflitos advindos desse encontro e finalmente permitir a reunião de diferentes saberes em direção ao entendimento do que denominamos Meio Ambiente. E nessa história me incluo, encontrando mais tarde colegas que também a vivenciaram, como é o caso dos autores de *Cianobactérias e Cianotoxinas em Águas Continentais*, obra que muito me honra prefaciar. E me pergunto, o que mais temos em comum? A paixão pela Água, pela sua preservação, pelo seu aproveitamento racional, pela sua beleza, pela sua necessidade primária, pelo conhecimento profundo e científico de suas características. Nesse sentido, me atrevo a usar a expressão "semear água" para qualificar o trabalho que há anos Maria do Carmo Calijuri vem realizando junto à Escola de Engenharia de São Carlos, Universidade de São Paulo, cuja colheita é também revelada nos passos de seus dedicados ex-orientados, Michela Suely Adriani Alves e André Cordeiro Alves Dos Santos, este já um colega.

Elaborar no Brasil um livro com teor científico voltado para as Ciências Ambientais em suas mais diversas vertentes, quer sejam das áreas chamadas exatas (engenharias, física, química, geologia, entre outras), quer das biológicas, é um desafio a ser cumprido. Foi a partir desse valor precípuo que procurei mergulhar no "mundo das cianobactérias", vindo eu do "mundo dos anaeróbios estritos". Recordo-me da primeira vez em que me deparei com as cianobactérias no meu curso de graduação ao examinar sob microscopia a famosa *Anabaena* sp.; sem dúvida havia algo de belo nesses minúsculos organismos. Uma descrição de Samuel Murgel Branco, em um de seus livros, resume bem esse sentimento: *"Sempre surpreendeu-me a perfeição estética de certos organismos microscópicos; o exato equilíbrio geométrico de muitos deles, aliado a uma complexidade estrutural ímpar, com portentosas minúcias de detalhes morfológicos, que chama a atenção do observador que chega a esquecer-se, por alguns instantes, do objetivo científico de seu trabalho, para deleitar-se com os requintes de estética exibidos sob as poderosas lentes do microscópio"*. Assim, destaco, em princípio, a cuidadosa documentação fotomicrográfica apresentada na presente obra, com franco estímulo ao reconhecimento morfológico das cianobactérias. O atual impacto que resulta, nos dias de hoje, a adoção de técnicas moleculares, muitas vezes, furta-nos essa experiência valiosa do reconhecimento das formas dos seres vivos microscópicos.

A importância das cianobactérias para a Água é cuidadosamente discutida pelos autores, cuja reflexão traz contribuições fundamentais para microbiologistas e engenheiros sanitaristas em sua labuta diária na busca da manutenção de índices aceitáveis de qualidade de vida. Os capítulos iniciais ordenam as principais informações sobre o mundo dos microrganismos, alguns aspectos do universo dos fitoplânctons e minuciosa revisão sobre cianobactérias e toxinas por elas produzidas. Os demais capítulos concentram esforço notável na apresentação de métodos analíticos, destacando protocolos práticos de imenso valor na rotina laboratorial. No momento em que as Portarias 1469 de 2000 e 518 de 2004 do Ministério da Saúde fortemente recomendam a análise de cianobactérias e cianotoxinas para atender ao Padrão de Potabilidade da água de abastecimento público, as bases experimentais encerradas nos textos oferecem opções técnicas para laboratórios distintos.

O capítulo Legislação compreende ainda discussões sobre as referidas portarias, aponta a ocorrência de florações de cianobactérias, citando diagnósticos cuidadosos, e tece crítica à ausência de profissionais especializados para atuar no setor de monitoramento e controle desses organismos em sistemas de tratamento de águas de abastecimento. Nas considerações finais, particularmente, são mencionadas a problemática ambiental das florações, a eficiência de sistemas de tratamento de águas de abastecimento na remoção de cianotoxinas e a relevância da proteção das bacias hidrográficas a partir da adoção de sistemas de saneamento básico e ambiental.

Outros campos das ciências certamente se beneficiarão da obra *Cianobactérias e Cianotoxinas em Águas Continentais*. Em minha experiência saliento a Microbiologia Ambiental e/ou Ecologia Microbiana na dimensão dos estudos sobre os ecossistemas tropicais, tanto na detecção de atividades microbianas como no impacto dessas ações integradas aos ciclos de nutrientes, destino da poluição e estados de resiliência. Cabe salientar que os estudos sobre biodiversidade, ou diversidade microbiana tropical com o enfoque nas cianobactérias, serão também favorecidos.

A contribuição dos autores é inegável como resposta à grande demanda de livros nacionais versando sobre temas da Microbiologia e Engenharia Sanitária e Ambiental.

Todo meu respeito,

Rosana Filomena Vazoller

A CLASSIFICAÇÃO DOS SERES VIVOS

A classificação sistemática dos seres vivos teve origem com Carolus Linnaeus (1707-1778), conhecido por seu nome alatinado Lineu, médico e naturalista sueco que ambicionava descrever todas as espécies de plantas, animais e minerais. Seguramente, ao propor a classificação binomonal, Lineu teve um *insight* que possibilitou um avanço muito grande: por isso é cognominado o Pai da Sistemática.

Até meados do século XIX, os seres vivos estavam reunidos em dois reinos: Animais e Plantas. Em 1857, Carl Von Nägeli (1817-1891) sugeriu a inclusão das bactérias e fungos no reino vegetal.

Em 1866, Ernest H. Haeckel (1834-1919), zoologista alemão seguidor de Darwin, propôs um terceiro reino para abrigar esses organismos que tinham características tanto de plantas como de animais, o qual denominou Protista. Nesse reino ele incluiu bactérias, algas, fungos e protozoários (Figura I.1).

Os avanços da microscopia eletrônica nas décadas de 1930 e 1940 levaram a importante descoberta taxonômica: as células microbianas podem ser divididas em duas categorias – procarióticas e eucarióticas.

As células eucarióticas têm o núcleo separado do citoplasma por uma membrana nuclear; as procarióticas apresentam o material nuclear não envolto por membrana.

Esta constatação levou Edouard Chatton (1883-1947), em 1937, a propor dois grandes grupos de organismos: Prokaryota (sem núcleo) e Eucaryota (com núcleo).

Apesar de a dicotomia entre procariotos e eucariotos já ser reconhecida e aceita, o reino Monera só se popularizou a partir do final da década de 1950, com a proposta de quatro reinos de Herbert Copeland (1902-1968): Monera (bactérias), Plantae (plantas), Animalia (animais) e Proctistas (microrganismos).

O reino Monera se estabeleceu na década de 1960 com os trabalhos do microbiologista canadense Roger Yates Stanier (1916-1982).

Em 1969, Robert H. Whittaker propôs um sistema de classificação conhecido como Sistema de Classificação dos Cinco Reinos de Whittaker: Monera, Fungi, Protista, Plantae e Animalia, reconhecendo os fungos como um reino à parte.

O sistema de Whittaker é baseado na forma de nutrição: fotossíntese (plantas), heterotrofia (animais) e saprofitia (fungos), deixando os microrganismos, com poucas informações sobre nutrição, nos reinos Monera e Protista.

Os avanços tecnológicos a partir da década de 1980, com a introdução de técnicas moleculares e com a mudança de conceitos taxonômicos, dando mais ênfase à filogenia e à formação de grupos monofiléticos (que evoluíram a partir de um ancestral comum), levaram à revisão das formas de classificação dos seres vivos.

O seqüenciamento molecular promoveu profundas modificações nas relações taxonômicas. A análise das seqüências de pequena subunidade do RNA ribossô-mico forneceu a primeira evidência de o mundo vivo estar dividido em três grandes grupos: os eucariotos e dois tipos diferentes de procariotos – as eubactérias (ou bactérias verdadeiras) e as archaea.

Em 1977, Carl Woese e colaboradores, da Universidade de Illinois, verificaram que nenhum grupo tinha se desenvolvido a partir de outro. Aparentemente, todos, ainda que por vias completamente diferentes, teriam evoluído de um ancestral comum (Figura I.2). Propuseram, então, uma nova classificação com os três reinos primários da vida, aos quais denominaram domínios, que são:

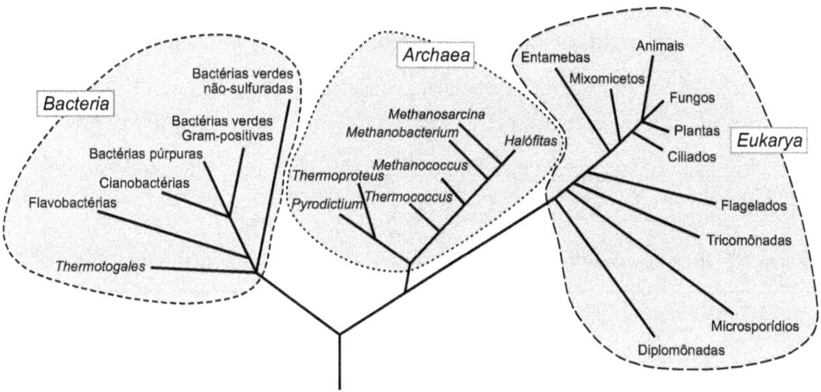

Figura I.2 Árvore evolutiva universal determinada pela comparação de seqüências do RNA ribossômico. Os dados apóiam a divisão do mundo vivo em três domínios, os quais consistem em organismos procarióticos (Bacteria e Archaea) e um dos organismos eucarióticos (Eukarya). O ancestral universal dessas células é encontrado na base da árvore. Animais, fungos e plantas formam, cada um, um reino separado no domínio Eukarya. Os grupos remanescentes de Eukarya pertencem ao reino Protista (Raven *et al.*, 2001).

✓ Domínio *Archaea* (português: arquéias): constituído por organismos procariontes dos grupos metanogênico, halófilos extremos, termoacidófilos e redutores de enxofre hipertermófilos. São encontrados, em geral, em ambientes ou condições extremos.

✓ Domínio *Bacteria* (português: bactérias): constituído pela maioria das células procariontes, que reúne grupos microbianos especializados na utilização de compostos orgânicos ou inorgânicos como fonte de energia e aqueles capazes de utilizar a luz. São encontrados nos habitats mais comuns – solo, água e ar.

✓ Eukarya ou Eucariontes: todos os seres vivos unicelulares e pluricelulares, como protozoários, fungos, animais e plantas.

Apesar de a biologia molecular apoiar grandemente o esquema em três domínios, a controvérsia ainda é grande, pois outros pesquisadores, ainda na década de 1990, afirmavam que as diferenças entre Archea e Bacteria não são suficientes para definir domínios diferentes e que outros fatores como fisiologia e ecologia devem ser levados em consideração.

Para discussão mais completa sobre o número de domínios, consultar as revisões de Woese *et al.* (1990), Woese (1992, 1994) e Gupta (1998a, b e c).

Da mesma forma que a separação em domínios ainda é uma discussão em aberto, novas propostas de divisões dentro dos domínios têm surgido.

Em 1981, Thomas Cavalier-Smith propôs um novo reino dentro do domínio Eukarya, os Chromistas, com a inclusão de diatomáceas, criptomonadas e oomicetos.

Um resumo dos principas sistemas de classificação propostos pode ser visto na Tabela I.1.

Tabela I.1   Resumo dos principais sistemas de classificação dos organismos vivos.

Linnaeus	Haeckel	Chatton	Copeland	Whittaker	Woese *et al.*		Cavalier-Smith	
1735	1966	1937	1956	1969	1977-1990		1981	
2 reinos	3 reinos	2 impérios	4 reinos	5 reinos	3 impérios	6 reinos	2 impérios	6 reinos
		Prokaryota	Monera	Monera	Bacteria	Eubacteria	Prokaryota	Bacteria
Vegetabilia					Archea	Archea		
	Protista	Eukaryota	Protoctista	Protista	Eukarya	Protista	Eukaryota	Protozoa
								Chromista
	Plantae		Plantae	Fungi		Fungi		Fungi
				Plantae		Plantae		Plantae
Animalia	Animalia		Animalia	Animalia		Animalia		Animalia

De acordo com essa classificação, as cianobactérias pertencem ao domínio Bacteria e, como organismos fotossintetizantes constituintes do plâncton, provavelmente representam um passo importante na evolução dos mecanismos fotossintéticos.

FITOPLÂNCTON

Viktor Hensen (1835-1924), fisiologista alemão, em 1887, utilizou pela primeira vez o termo plâncton, palavra oriunda do grego *plagktós*, que significa errante. Hense conclui, em virtude do pequeno tamanho desses organismos, que eles não disporiam de movimentos próprios capazes de se oporem aos movimentos da água.

Hoje sabemos que muitos organismos do plâncton têm movimentos próprios e podem se deslocar muitos metros por dia, tanto horizontal quanto verticalmente.

A existência desses organismos já havia sido demonstrada, em 1880, pelo pesquisador Johannes von Müller (1752-1889), mas o nome dado por ele para essa comunidade, *Auftrib*, não caiu no gosto dos pesquisadores, que preferiram adotar o nome plâncton.

Com o avanço das pesquisas, descobriu-se que essa comunidade pode ser encontrada nos mais diferentes ambientes aquáticos: desde águas marinhas até ambientes continentais. Em razão da grande diversidade de organismos, o plâncton pode ser divido em subcategorias, como: fitoplâncton – organismos fotossintéticos; zooplâncton – organismos heterótrofos; e bacterioplâncton – bactérias heterotróficas.

O fitoplâncton (do grego *phytos* – planta) é constituído por um conjunto de diversificados grupos taxonômicos, que têm diferentes necessidades fisiológicas e respondem, de modo distinto, a parâmetros físicos e químicos, como luz, temperatura e regime de nutrientes. Basicamente, ele é composto por organismos capazes de realizar fotossíntese.

Reynolds, um dos principais especialistas nessa comunidade, definiu, em 1997, o fitoplâncton como a assembléia de microrganismos fotoautotróficos com estágios vegetativos de seus ciclos de vida em zonas pelágicas do mar, lagos, lagoas e rios.

No fitoplâncton podemos encontrar organismos de diferentes grupos, como as cianobactérias (reino Monera), euglenas (reino Protozoa), diatomáceas (reino Chromista) e clorofíceas (reino Plantae). Todos esses organismos são genericamente conhecidos como algas ou microalgas, em razão do tamanho microscópico.

O termo alga, proposto em 1753 por Lineu, tem sido aplicado a ampla variedade de organismos. São classificados como algas todos os talófitos e protistas clorofilados, incluindo os não pigmentados.

Apesar de ser um termo conhecido e muito utilizado, alga não é uma divisão taxonômica natural, é mais uma divisão ecológica do que morfológica, pois a única característica em comum entre os organismos desse grupo é a autotrofia.

Embora sejam fotoautotróficas, algumas algas crescem heterotroficamente. Quando crescem fotossinteticamente, produzem oxigênio e utilizam dióxido de carbono como única fonte de carbono.

As grandes algas talófitas, ao contrário das plantas vasculares superiores fotossintetizantes, não necessitam de sistema vascular para o transporte de nutrientes, uma vez que toda célula algácea é autotrófica e pode absorver, diretamente, nutrientes dissolvidos.

No ambiente aquático, as populações fitoplanctônicas distribuem-se na coluna de água segundo um gradiente de luminosidade e de profundidade.

Em um ambiente aquático bem iluminado, a maior densidade de organismos fitoplanctônicos e, conseqüentemente, a maior intensidade de fotossíntese podem não ser realizadas na superfície da água: radiação em excesso leva a fotoinibição. A maior produtividade fotossintética nas horas do dia de maior intensidade luminosa ocorre normalmente um pouco abaixo da superfície, onde a intensidade luminosa subaquática é menor.

Sob condições naturais, a taxa de fotossíntese das populações da camada superficial é freqüentemente reduzida, e o grau dessa redução depende de condições fisiológicas e ambientais. Sabe-se que a fotoinibição é função da radiação incidente, associada à taxa de extinção vertical da luz na coluna de água.

Uma vez que a fotoinibição é induzida pela luz, a intensidade, a qualidade e a duração da irradiância na superfície da água são variáveis importantes para a comunidade fitoplanctônica.

Na verdade, as causas precisas da fotoinibição não são claras e, evidentemente, variam para cada caso. Basicamente, a inibição da atividade fotossintética é explicada como sendo causada por saturação luminosa. Mas, apesar das evidências, o mecanismo da fotoinibição permanece ainda obscuro e vários autores têm sugerido que, sob altas intensidades luminosas, ocorre fotodestruição ou oxidação dos pigmentos.

Além da luz, os organismos fitoplanctônicos necessitam de nutrientes como nitrogênio, fósforo e sílica, assim como alguns oligonutrientes.

Luz e nutrientes são os dois principais fatores que alteram a produção fotossintética, e suas disponibilidades influenciam diretamente a densidade e a composição da comunidade fitoplanctônica.

Os organismos fitoplanctônicos usam o resultado da produção fotossintética para crescimento celular e, conseqüentemente, aumento da biomassa e são constituintes da base da cadeia alimentar em sistemas aquáticos.

Mas, em sua constante busca por conforto e bem-estar, o homem interfere intensamente no ambiente aquático. O desenvolvimento industrial, o crescimento dos centros urbanos e a expansão de áreas agriculturáveis levam ao aumento de nutrientes essenciais para o fitoplâncton e as macrófitas aquáticas, principalmente fósforo, nitrogênio, carbono e ferro. Como conseqüência desse processo de eutrofização, temos:

- ✓ Mudanças na qualidade da água, provocadas por aumento da biomassa, por meio da produção primária do fitoplâncton e de macrófitas aquáticas.
- ✓ Alteração na diversidade de espécies, geralmente com dominância de poucas espécies.
- ✓ Diminuição na concentração de oxigênio dissolvido na coluna de água.
- ✓ Diminuição na transparência da água.
- ✓ Mortandade de peixes.
- ✓ Aumento nas concentrações iônicas
- ✓ Aumento na condutividade elétrica da água.
- ✓ Acúmulo de fósforo no sedimento.
- ✓ Produção de odores desagradáveis nas águas, em razão da decomposição de organismos, como conseqüências da diminuição da transparência da água e de eventual desoxigenação.
- ✓ Mudanças no pH.
- ✓ Florações de cianobactérias.
- ✓ Produção de toxinas.

Com relação aos aspectos sanitários, os principais grupos fitoplanctônicos são: cianobactérias, clorofíceas, diatomáceas e dinoflageladas. As cianobactérias, em decorrência de seu potencial tóxico e possível risco à saúde pública, são consideradas as maiores fontes de problemas.

Freqüentemente, cianobactérias são encontradas em ecossistemas aquáticos continentais, estuarinos e marinhos, fazendo parte da comunidade comum desses sistemas. Elas possuem uma série de estratégias que lhes permitem dominar os ambientes lacustres eutróficos, como: capacidade de produção de pigmentos acessórios necessários à absorção mais eficiente da luz em qualquer habitat; habilidade para, em seu citoplasma, estocar nutrientes essenciais e metabólitos; e capacidade para fixar nitrogênio atmosférico e para acumular gás em vesículas (vacúolos gasosos ou aerótopos) que permitem movimento e ajuste de posição na coluna de água.

Condições ambientais, como estabilidade térmica do ambiente e disponibilidade de nutrientes, e capacidade de flutuabilidade a partir dos vacúolos gasosos são os principais fatores relacionados a formações de florações ou proliferações na superfície da água.

As florações são resultado da interação de fatores físicos, químicos e bióticos, caracterizadas por crescimento explosivo, autolimitante e de curta duração dos microrganismos de uma ou de poucas espécies, freqüentemente produzindo visíveis colorações nos corpos de água naturais.

Florações de cianobactérias têm sido registradas desde o princípio da história e, por causarem problemas econômicos e impactos ambientais, geram discussões entre os responsáveis pela captação, tratamento e distribuição de água.

Ocorrências de persistentes florações estão relacionadas com a manutenção das condições ambientais adequadas, aliadas a fatores físicos e biológicos, como o resultado da obstrução física, quando as colônias que perderam sua flutuabilidade nas camadas superiores têm seu afundamento retardado pela presença de colônias flutuantes que estão abaixo delas.

Vários pesquisadores têm procurado explicações para o domínio das cianobactérias. Eles se referem a esse domínio como resultado de algumas típicas e interessantes características:

- ✓ Capacidade de adaptação em águas de temperaturas mornas.
- ✓ Possibilidade de assimilar baixa intensidade de luz.
- ✓ Capacidade de regular a flutuação, o que protege da herbivoria pelo zooplâncton.
- ✓ Produção de toxinas.
- ✓ Capacidade de armazenamento de fósforo.
- ✓ Maior capacidade competitiva na absorção de nutrientes.
- ✓ Maior velocidade reprodutiva.

Ocasionalmente, uma ou outra dessas características tem sido citada como a única ou a principal razão para o domínio das cianobactérias. No entanto, as diferentes características morfológicas, fisiológicas e ecológicas de espécies individuais sugerem que certos fatores, que favorecem o domínio de algumas, não necessariamente favorecem o de outras. Por exemplo, embora *Microcystis aeruginosa* possa coexistir com *Anabaena flos-aquae*, ela não coexiste com *Oscillatoria rubencens* (como foi demonstrado por Blomqvist *et al.* em 1974). Entretanto, a característica mais significativa de todas as espécies formadoras de florações é a presença de vacúolos gasosos.

A variabilidade temporal de estrutura e função da comunidade fitoplanctônica exerce importância fundamental no metabolismo dos sistemas aquáticos.

As mudanças na estrutura do fitoplâncton (diversidade, dominância e biomassa) são resultantes das interações de variáveis físicas, químicas e biológicas. A velocidade das mudanças ambientais é de importância crucial. Mudanças na dominância de espécies decorrem de variações na temperatura da água, disponibilidade de luz e nutrientes; perdas de biomassa através de sedimentação e "grazing" pelo zooplâncton e por organismos patogênicos (fungos, bactérias e vírus); variações no pH com conseqüente disponibilidade de carbono inorgânico; substâncias tóxicas (algumas produzidas pelas próprias algas e cianobactérias); além de mudanças abruptas no ambiente físico.

Em reservatórios, deve-se considerar também a hidrodinâmica diferenciada em função da localização, morfometria e principal finalidade do sistema, e os "pulsos" devidos ao ciclo hidrológico: a precipitação rege o sistema operacional da barragem, determinando os diferentes tempos de residência da água no sistema, os "pulsos" de material em suspensão e nutrientes, a ciclagem de materiais e a perda de biomassa.

BIBLIOGRAFIA RECOMENDADA

BARNES, R.D.; RUPPERT, E.E. *Zoologia dos invertebrados*. São Paulo, Editora Roca. 1996.

BICUDO, C. E.; de MENEZES, M. **Gêneros de Algas de Águas Continentais do Brasil (chave para identificação e descrições)**. São Carlos, RiMa: 508p. 2005.

BLACK, J.G. **Microbiologia: fundamentos e perspectivas**. 4ª ed. Rio de Janeiro, Guanabara Koogan S.A. 829 p. 2002.

BLOMQVIST, P.; PETTERSON, A.; HYENSTRAND, P. Ammonium-nitrogen: A key regulatory factor causing dominance of non-nitrogen-fixing cyanobacteria in aquatic systems. **Arch Hydrobiol**, V. 132 p.141-164. 1994.

CALIJURI, M.C. **A comunidade fitoplanctônica em um Reservatório Tropical (Barra Bonita, SP).** Tese de Livre-Docência. Departamento de Hidráulica e Saneamento, EESC-USP. São Carlos. 211p. 1999

GANF, G.G.; WALSBY, A.E. Optical properties of gas-vacuolate cells and colonies of Microcystis in relation to light attenuation in turbid, stratified reservoir (Mout Bold Reservoir, South Australia). **Aust J Mar Freshwater Res,** V. 40. p. 595-611. 1989.

GUPTA, R. S. Life's third domain (Archaea): An established fact or an endangered paradigm? **Theor. Popul. Biol.** V. 54. p. 91–104. 1998a

GUPTA, R. S. Protein phylogenies and signature sequences: A reappraisal of evolutionary relationships among archaebacteria, eubacteria, and eukaryotes. **Microbiol. Molec. Biol. Rev.** V. 62. n. 4. p.1435–91. 1998b

GUPTA, R. S. What are archaebacteria: Life's third domain or monoderm prokaryotes related to gram-positive bacteria? A new proposal for the classification of prokaryotic organisms. **Molec. Microbiol.** V. 29. n. 3 p.695–707. 1998c.

IBELINGS, B.W.; MUR. L.R. Microprofiles of photosynthesis and oxygen concentration in Microcystis sp. scums. **FEMS Microb Ecol,** V. 86. p.195-203. 1992.

LARCHER, W. **Ecofisiologia Vegetal.** Tradução: Carlos Henrique B.A. Prado. São Carlos, RiMa. 531 p. 2000.

MATSUZAKI, M.; MUCCI, J.L.N.; ROCHA, A.A. Comunidade fitoplanctônica de um pesqueiro na cidade de São Paulo. São Paulo. **Rev. Saúde Pública,** V 38 n. 5: 12p. 2004.

MATTHIENSEN, A; YUNES, J.S.; CODD, G.A. Ocorrência, distribuição e toxicidade de cianobactérias no Estuário da Lagoa dos Patos, RS. **Rev. Brasil. Biol.,** V. 59 n. 3 p. 361-376. 1999.

PAERL, H. W. Nuisance phytoplankton blooms in coastal, estuarine and inland waters. **Limnol. Oceanogr.,** V. 33 p. 823-847. 1988a

PAERL, H. W. Growth and reproductive strategies of freshwater blue-green algae (cyanobacteria). In: Sandgren C.D. (ed). **Growth and reproductive strategies of freshwater phytoplankton.** Cambridge University Press, Cambridge UK. p.261-315. 1988b.

PAERL, H.W.; USIACH, J.F. Blue-green algal scums: an explanation for their occurrence during freshwater blooms. **Limmol. Oceanogr.** V. 27 p. 212-217. 1982.

PELCZAR Jr., J. M.; CHAN, E. C. S.; KRIEG, N. R. **Microbiologia: conceitos e aplicações, volume I,** 2ª ed. MAKRON Books. 524p. 1996.

RAVEN, P.H.; VERT, R.F.; EICHHORN, S.E. **Biologia Vegetal.** 6ª edição. Editora Guanabara Koogan. 906p. 2001.

REYNOLDS, C.S. **The ecology of freshwater phytoplankton.** Cambridge studies in ecology. Cambridge University Press. London. 384p. 1984.

REYNOLDS, C.S. Scales of disturbance and their role in plankton ecology. **Hydrobiologia,** V. 249. p.157-172. 1993.

REYNOLDS, C.S. Vegetation processes in the pelagic: a model for ecosystem theory. In: O. Kinne (ed.), **Excellence in ecology.** Ecology Institute, Oldendorf Luke Germany. 371p. 1997.

SHAPIRO, J. Current beliefs regarding dominance by blue-greens: The case for the importance of CO2 and pH. **Verh Int Verein Limmol,** V. 24. p.38-54. 1990.

STEINBERG, C.E.W; HARTMANN, H.M. Planktonic bloom-forming cyanobacteria and eutrophication of lakes and rivers. **Freshwater Biol,** V. 20 p.279-287. 1988.

WALSBY, A.E. Gas vesicles. **Microbiol Ver, V. 58.** P. 94-144. 1994.

WETZEL, R.G. **Liminologia.** Lisboa. Fundação Calouste Gulbenkian. 919 p. 1993.

WHITTON, B. A.; POTTS, M. **The Ecology Cyanobacteria: Their Diversity in Time and Space.** Dordrecht, The Netherlands. Kluwer Academic Publishers. 669p. 2000.

WOESE, C. R. Prokaryote systematics: The evolution of a science. In **The prokaryotes,** ed. A. Balows, et al., p.3–18. New York: Springer-Verlag. 1992.

WOESE, C. R. There must be a prokaryote somewhere: Microbiology's search for itself. **Microbiol. Rev.** V. 58 p.1–9. 1994.

WOESE, C. R., O. Kandler, and M. L. Wheelis. Towards a natural system of organisms: Proposal for the domains Archaea, Bacteria, and Eucarya. **Proc. Natl. Acad. Sci. USA** V. 87 p.4576–79. 1990

YOO, R. S.; CARMICHAEL, W. W.; HOEHN, R. C.; HRUDEY, S. E. **Cyanobacterial (Blue-Green Algal) Toxins: A Resource Guide.** American Water Works Association - Research Foundation, U.S.A. 229p. 1995.

ZAGATTO, P. A.; ARAGÃO, M.A. **Manual de orientação em casos de florações de algas tóxicas: um problema ambiental e de saúde pública.** São Paulo. Série Manuais, 14- Cetesb. 20p. 1997.

1
CIANOBACTÉRIAS

INTRODUÇÃO

Nos primeiros períodos geológicos, uma membrana com atividade fotossintética evoluiu nos procariontes primitivos (arqueobactérias, bactérias sulfurosas e não sulfurosas e cianobactérias). Nessa época, o ambiente era fortemente anóxico, a atmosfera primitiva era redutora e também a hidrosfera continha pouco oxigênio livre. Foi essa atividade fotossintética que permitiu a criação das bases material e energética para a evolução da vida na Terra.

Black (2002) reporta que os procariontes deixaram poucos registros fósseis. Em locais onde, há milhões de anos, o ambiente permitiu a deposição de densas camadas de bactérias são encontrados tapetes fossilizados de procariontes denominados estromatólitos, os quais fornecem informações sobre a origem das Archea (Figura 1.1). No entanto, a maioria dos ancestrais procariontes desapareceu sem deixar rastros.

Os fósseis mais antigos, representados por dois tipos de seres vivos, bactérias e cianobactérias, são procariontes. Atualmente, há grande quantidade de procariontes que não apresentam diferenças fundamentais em relação aos seus ancestrais fósseis.

A célula bacteriana fóssil difere da célula de cianobactéria fóssil. Tal como seus parentes modernos, as cianobactérias fósseis exibem evidências de terem sido fotossintetizantes. Portanto, teriam sido capazes de sintetizar seu próprio alimento a partir de substâncias simples, como dióxido de carbono e água, usando a luz do sol como fonte de energia.

EVOLUÇÃO

As cianobactérias pertenceram a um antigo grupo de organismos existentes no planeta há 3,5 bilhões de anos, desde o surgimento da vida (Figura 1.2). Foram encontradas, no noroeste da Austrália, cianobactérias fossilizadas em rochas que, por datação, indicam terem sido elas os primeiros produtores a liberar oxigênio – o que alterou, profundamente, toda a atmosfera terrestre e possibilitou a evolução de muitos outros organismos (Yoo *et al.*, 1995).

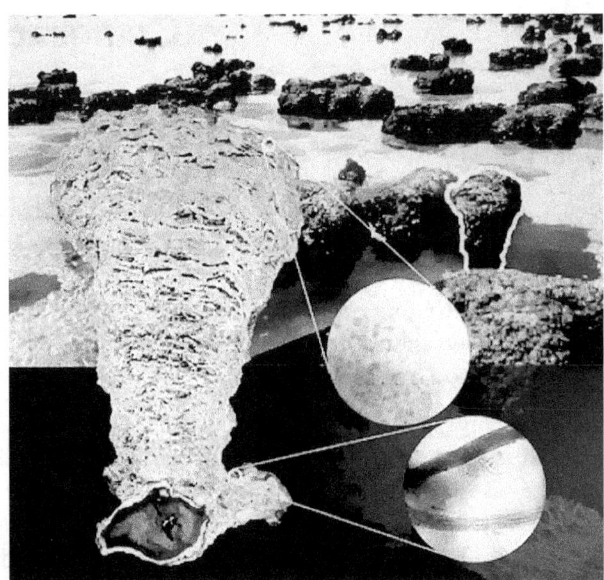

Figura 1.1 Estromatólitos vivos na costa da Austrália, mostrando uma única coluna e a cianobactéria responsável por sua formação (Department of Industry and Resources – Australia, 2005).

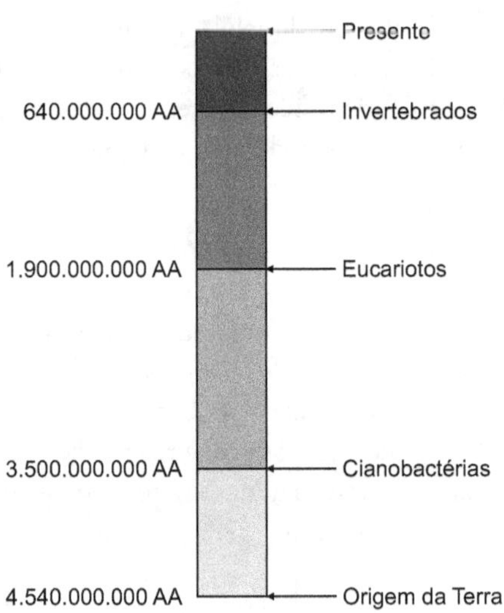

Figura 1.2 Escala evolutiva da origem da vida na Terra.

Evidências paleontológicas nos permitem supor que células mais ou menos esféricas teriam sido os precursores fósseis das cianobactérias (Figura 1.3).

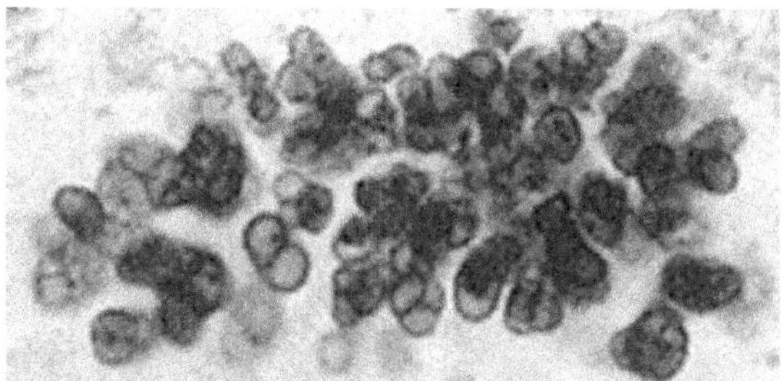

Figura 1.3 Fósseis de cianobactérias esféricas (Ridley, 2003).

Black (2002) relata que há poucas referências, na literatura, a rochas que contenham fósseis individuais de cianobactérias (Figura 1.4). Essa situação pode ser explicada pelo fato de serem poucas as características estruturais de procariontes; características estas sujeitas a rápidas mudanças durante a ocorrência de alterações no ambiente. A autora aponta como outro possível motivo a rápida reprodução dos procariontes, que aumenta a probabilidade de mutações por geração. Organismos com rápida reprodução acumularam maior número de mutações, fato que dificulta encontrar relações entre as formas fossilizadas e os atuais organismos procariontes.

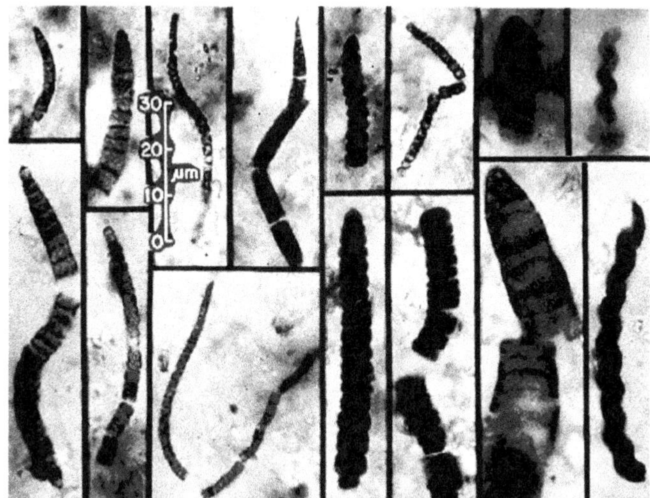

Figura 1.4 Cianobactérias filamentosas fósseis (Awramik, 1983).

O Período Pré-Cambriano ou Era Proterozóica (2,5 bilhões a 542 milhões de anos) foi denominado a *Era das Cianobactérias*, porque desse período datam seus mais abundantes registros fósseis.

As cianobactérias são encontradas no mundo todo; seus habitats vão desde fontes termais com pH maior que 5 e temperaturas de 85°C a oceanos gelados da Antártida. Algumas espécies são encontradas no ambiente terrestre, no solo sob rochas, e desempenham importante papel nos processos de ciclagem de nutrientes.

Os ecossistemas de água doce são os ambientes mais apropriados para o desenvolvimento de cianobactérias, pois a maioria das espécies apresenta melhor crescimento em águas neutroalcalinas com pH de 6 a 9, temperaturas entre 15°C e 30°C , com alta concentração de nutrientes, principalmente nitrogênio e fósforo.

As cianobactérias são capazes de realizar fotossíntese em ambientes pouco adequados às células eucarióticas; elas são adaptadas à vida em ambientes aquáticos de grandes profundidades, devido à presença de ficocianina e ficoeritrina como seus pigmentos fotossintetizantes.

CARACTERÍSTICAS GERAIS DAS CIANOBACTÉRIAS

As sinonímias usadas para denominar um mesmo grupo de organismos que apresentam combinação de propriedades encontradas em algas e bactérias são: *blue-green algae* (alga azul), mixofíceas, cianoprocariontes, cianobactérias e cianofíceas.

As cianobactérias têm a estrutura de uma bactéria (Figura 1.5). Exibem parede celular (desprovida de celulose, constituída de polissacarídeos ligados a polipeptídios), membrana plasmática, cápsula ou bainha mucilaginosa, nucleóide, ribossomos, inclusões de fosfato, proteínas e lipídios (não possuem amido, possuem grânulos de cianoficina – composto de reserva que forma grânulos de poliglucanos, semelhante ao glicogênio), citoplasma e lamelas fotossintéticas (tilacóides), nas quais são encontrados os pigmentos fotossintetizantes.

As células das cianobactérias não apresentam núcleo delimitado por carioteca; o material nuclear, o ácido desoxirribonucléico (DNA), localiza-se no centro do protoplasma, em região denominada nucleoplasma. Não possuem organelas celulares, como complexo de Golgi, retículo endoplasmático, mitocôndrias e vacúolos, características essas comuns às bactérias, nas quais toda a água está uniformemente associada à matriz orgânica: isso parece explicar a razão pela qual esses organismos se adaptam mais facilmente a meios com pressão osmótica (Tabela 1.1). Algumas cianobactérias, como *Microcystis* sp., *Gomphosphaeria* sp., *Gloetrichia* sp., *Anabaena* sp. e *Oscillatoria* sp., apresentam vacúolos gasosos (pseudovacúolos) associados à capacidade de controlar a flutuação da célula, o que permite que se mantenham em profundidade ótima em nutrientes, concentração de oxigênio e disponibilidade de luz.

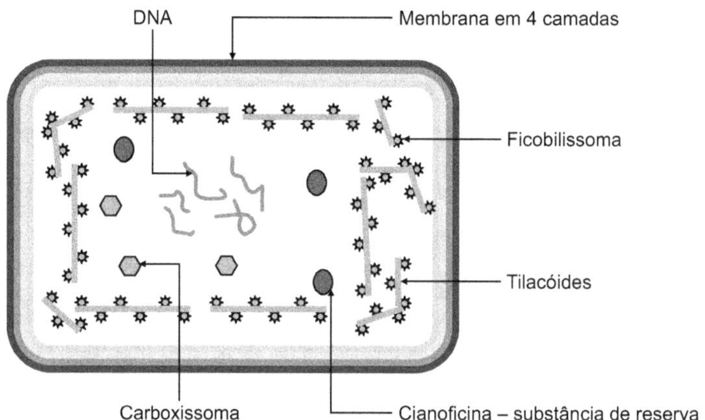

Figura 1.5   Desenho esquemático da estrutura de uma cianobactéria.

O tamanho das células varia desde o típico tamanho de bactérias, entre 0,5 e 1 µm (*Synechocistis* sp.), até células grandes, com cerca de 40 µm (*Oscillatoria princeps*).

Tabela 1.1   Principais diferenças entre células procarióticas e eucarióticas.

Características	Célula procariótica	Célula eucariótica
Tamanho	Média de 1 a 2 µm por 1 a 4 µm	Acima de 5 µm de largura ou diâmetro
Número de cromossomos	1 circular	Mais de 1, linear
Membrana nuclear	Ausente	Presente
Aparelho mitótico	Ausente	Presente
Mitocôndrias	Ausentes	Presentes
Cloroplastos	Ausentes	Presentes em plantas
Aparelho de Golgi	Ausente	Presente
Retículo endoplasmático	Ausente	Presente
Lisossomos	Ausentes	Presentes
Ribossomos	70s, distribuídos no citoplasma	80s, ligados a membranas
Membrana citoplasmática	Sem esteróides	Com esteróides
Peptidoglicano	Presente*	Ausente

*Ausente em Mycoplasma e Arqueobactérias. *Fonte:* Trabulsi *et al.* (1999).

As cianobactérias mostram considerável diversidade morfológica. Elas podem ser unicelulares, ex.: *Chroocuccus* sp., ou filamentosas, ex.: *Anabaena* sp., *Oscillatoria* sp., *Planktothrix* sp., *Nostoc* sp., *Cylindrospermopsis* sp.; podem ocorrer individualmente, ex.: gêneros *Synechococcus* sp. e *Aphanothece* sp., ou agrupadas em colônias ou agrupamentos, ex.: *Microcystis* sp., *Gomphospheria* sp. e *Merismopedia* sp., a maior parte delas envolvidas em mucilagem.

Tradicionalmente, a classificação das cianobactérias segue a nomenclatura botânica, por isso são conhecidas também como algas azuis ou Cyanophyceae. Porém, o uso dos critérios da nomenclatura botânica para as cianobactérias é criticado por diversos autores e atualmente está sofrendo revisões para incluir esse grupo na nomenclatura bacteriológica.

A nomenclatura bacteriológica utiliza, além de critérios morfológicos, critérios bioquímicos, genéticos, fisiológicos e ecológicos. A revisão pretende preservar os nomes e os grupos já consagrados, porém, mudanças na taxonomia de cianobactérias são esperadas para os próximos anos.

O sistema de classificação das cianobactérias mais utilizado ainda hoje é o proposto por Ripka (1979), que divide as cianobactérias em quatro grupos, segundo a forma, a presença de bainhas de mucilagem e o padrão de divisão celular.

As formas filamentosas aparecem em espirais ou trançadas e, às vezes, assumem morfologia secundária como resultado da agregação ou embaraço. Essas formas filamentosas diferem, significativamente, quanto ao tamanho de filamentos individuais.

As espécies filamentosas têm grau de diferenciação maior que as espécies globulares; a diferenciação mais comum e ecologicamente mais importante é a dos heterocistos.

Os heterocistos, células que diferem das vegetativas e dos esporos por apresentarem paredes espessas e carecerem do fotossistema 2, são responsáveis pela fixação do nitrogênio molecular (N_2). Eles podem aparecer em todas as espécies filamentosas, exceto em membros da família *Oscillatoriaceae*.

Em certos gêneros, o heterocisto ocupa posição intercalar; em outros, é terminal. São originados de células vegetativas, nas quais se forma um invólucro espesso sobre a parede celular, exceto nos pólos, local em que se ligam às células vegetativas adjacentes por um poro ou canal, possibilitando, assim, a troca de produtos metabólicos.

Nos heterocistos pode ocorrer a fixação do nitrogênio porque, ao contrário de outras células do filamento, eles não produzem oxigênio, o que permite ambiente anóxico para o funcionamento das nitrogenases, enzimas que fazem a fixação biológica do nitrogênio e são inativas na presença de oxigênio.

A fixação de nitrogênio utiliza carbono como fonte de energia. O carbono orgânico é levado, através das formas vegetativas, para o interior do heterocisto, e o nitrogênio fixado é transferido para o interior das células vegetativas. Segundo Wetzel (1993), algumas cianobactérias, como *Gloeocapsa* sp., que não produzem heterocistos, também podem fixar o nitrogênio. Acredita-se que, nesses casos, a separação entre a fotossíntese e a fixação do nitrogênio deve ocorrer na mesma estrutura, em tempos diferentes.

Estudos filogenéticos determinaram que as formas unicelulares têm pouca relação genética entre si; já os grupos que produzem heterocistos são mais próximos geneticamente.

Em algumas cianobactérias pode ser observada, em micrografias eletrônicas, uma estrutura, a cianoficina (co-polímero de ácido aspártico e arginina), que pode armazenar nitrogênio, sendo degradada em ambientes com déficit de nitrogênio. Em algumas células, a cianoficina pode compor cerca de 10% da massa celular e também ser utilizada como reserva de energia.

Além da cianoficina, algumas cianobactérias têm reservas de amido cianofício, polissacarídeo semelhante ao glicogênio.

No citoplasma ainda são encontradas estruturas poliédricas contendo Ribulose bifosfato carboxilase (RubisCo) cristalina, enzima-chave no processo fotossintético.

Algumas espécies produzem estruturas denominadas acinetos, que são células de resistência ou esporos, com paredes espessas, que acumulam reservas de proteínas sob a forma de grânulos de cianoficina (Stainer & Cohen-Bazire, 1977). Os acinetos são altamente resistentes ao dessecamento e podem resistir nos sedimentos por muitos anos (Figura 1.6). Os acinetos são produzidos quando as condições do meio não são favoráveis.

Em espécies filamentosas, quando a bainha espessa se fragmenta, há formação de hormogônios, conjunto de três a cinco células que crescem e dão origem a novas colônias filamentosas; esse processo é considerado um tipo de reprodução assexuada.

Tabela 1.2 Principais grupos de cianobactérias, segundo Ripka (1977).

Grupo	Característica	Exemplos	
I	Unicelular, com células cilíndricas ou ovóides ou esféricas. Reprodução por fissão binária	*Synechococcus* sp. *Gloeothece* sp. *Gloeobacter* sp. *Synechocystis* sp. *Gloeocapsa* sp. *Microcystis* sp.	*Synechococcus* sp.
II	Unicelular que se multiplica por fissão múltipla	*Dermocarpa* sp. *Xenococcus* sp. *Dermocarpella* sp. *Myxosarcina* sp. *Chroococcidiopsis* sp.	*Chroococcidiopsis* sp.
III	Filamentosa, sem a formação de heterocistos e um só plano de divisão	*Spirulina* sp. *Oscillatoria* sp. LPP Group (*Lyngbya/Phormidium/Plectonema*) *Pseudoanabaena* sp.	*Oscillatoria* sp.
IV	Filamentosa com heterocistos e com só um plano de divisão	*Anabaena* sp. *Nodularia* sp. *Cylindrospermum* sp. *Nostoc* sp. *Scytonema kalothrix* sp.	*Anabaena* sp.
V	Filamentosa com heterocistos e com mais de um plano de divisão	*Chlorogloeopsis* sp. *Fischerella* sp. *Stigonema* sp.	*Fischerella* sp.

Fonte: Synechococcus sp. (Wagner, 2006). *Chroococcidiopsis* sp. (Micro*Scope, 2006). *Oscillatoria* sp. (Micro*Scope, 2006). *Anabaena* sp. *Fischerella* sp. (Universidade de Sevilha, 2006).

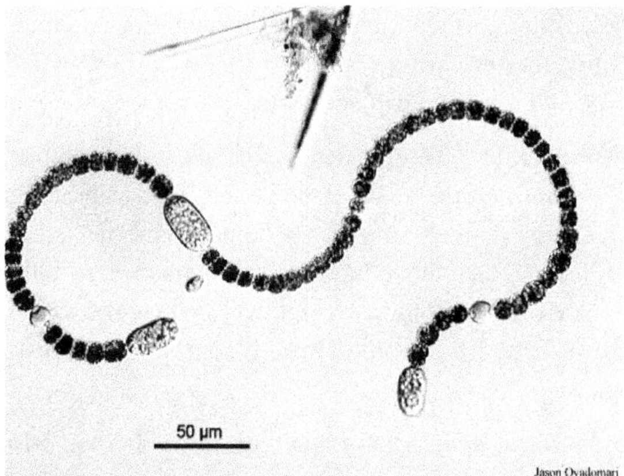

Figura 1.6 Heterocistos e acinetos (Oyadomari, 2001).

As cianobactérias se reproduzem de forma assexuada. Como nas demais bactérias, a divisão celular ocorre por crescimento e invaginação da parede celular. A reprodução acontece por processos denominados fissão binária (uma célula dá origem a duas filhas) ou fissão múltipla (uma célula dá origem a mais de duas células filhas). Os conteúdos celulares e o nucleóide também são multiplicados, não se dividindo por mitose, como ocorre com protistas e outros organismos eucariontes.

Brotamento e fragmentação também são formas de reprodução encontradas em cianobactérias.

As cianobactérias não possuem cílios nem flagelos como as bactérias; por isso, toda a mobilidade das cianobactérias está relacionada à expulsão de material orgânico produzido pelas células ou, no caso de espécies filamentosas, por movimentos deslizantes, como outras bactérias, e de rotação.

O deslizamento de cianobactérias, aparentemente, envolve a secreção de polissacarídeo limoso através de poros da superfície dos filamentos. O polissacarídeo limoso adere à superfície e a célula é gradativamente puxada.

Algumas cianobactérias podem ajustar sua posição verticalmente na coluna de água por meio de vacúolos gasosos.

Os vacúolos gasosos, também conhecidos como vesículas de gás, são estruturas fusiformes ocas e rígidas. A membrana da vesícula é composta exclusivamente por proteínas, que são impermeáveis à água e permeáveis a gases. Essas vesículas correspondem entre 5% e 20% da densidade da célula, reduzindo a densidade final e aumentando a flutuabilidade.

Além de clorofila-a, as cianobactérias possuem outros pigmentos protéicos solúveis em água, genericamente denominados ficobilinas (ficocianina e ficoeritrina) e xantofilas, pigmentos acessórios que são carotenóides amarelados.

Segundo Yoo *et al.* (1995), uma das ficobilinas, a ficocianina, parece ser azul porque absorve comprimentos de onda de luz na banda vermelha do espectro e reflete na banda azul. A ficocianina atua como pigmento acessório durante a fotossíntese pela fixação da energia luminosa, principalmente na banda vermelha, especialmente entre 625 e 630 nm. A combinação do efeito visual verde-azulado da ficocianina e o verde da clorofila-a cria a aparência azul-esverdeada desses microrganismos.

De forma diferente da ficocianina, a clorofila-a fixa luz principalmente no comprimento de onda azul; assim, a cianobactéria tem vantagem ecológica no ambiente aquático, porque pode utilizar luz em ambos os extremos do espectro visível: no comprimento de onda vermelha, que penetra até o fundo da coluna de água, e no comprimento de onda azul, que geralmente se extingue em menor profundidade (Paerl, 1988a).

O sistema fotossintético das cianobactérias é formado por sacos membranosos, achatados e concêntricos, entre os quais se encontram grânulos de 40 nm de diâmetro, presos a suas paredes externas. Esses grânulos, denominados cianossomos ou ficobilissoma, contêm a ficocianina e a ficoeritrina, e a estrutura membranosa contém a clorofila e outros compostos do sistema fotossintético. A energia solar absorvida pela ficocianina e ficoeritrina, posteriormente, é transferida para as membranas que contêm clorofila, onde ocorre a fotossíntese.

A nutrição das cianobactérias é relativamente simples, sem a necessidade de vitaminas ou co-fatores de crescimento, porém, pode ocorrer fotoassimilação de substâncias simples, como glicose ou acetato. A maioria é fototrófica obrigatória, porém, alguns grupos filamentosos podem crescer na ausência de luz, utilizando substâncias orgânicas como fonte de carbono e energia.

As cianobactérias podem colonizar diversos ambientes, devido a suas características. Podem sobreviver no solo e no interior de rochas, sendo comuns na maioria dos ambientes aquáticos do planeta.

Algumas espécies podem ser bentônicas (como muitas filamentosas) ou completamente planctônicas. Outras espécies podem ter períodos de dormência no sedimento e formas vegetativas planctônicas.

O gênero *Gloeotrichia* sp., quando jovem, pode ser bentônico e fixo; seus filamentos, porém, logo se dispõem radialmente em uma esfera de mucilagem e as colônias flutuam formando pseudovacúolos gasosos.

Em decorrência das características fisiológicas e morfológicas, as cianobactérias são organismos que apresentam extraordinária capacidade adaptativa nos mais diversos ambientes, sendo assim consideradas excelentes colonizadoras ambientais, o que propiciou grande vantagem ao processo evolutivo em relação aos demais organismos fitoplanctônicos.

BIBLIOGRAFIA RECOMENDADA

AZEVEDO, S.M.F.O. Toxinas de cianobactérias: causas e conseqüências para a Saúde Pública. **Medicina On Line,** v.1, Ano 1, n. 3. Jul/Ago/Set. 1998.

AWRAMIK, S.M.; SCHOPF, J.W.; WALTER, M.R. Filamentous fossil bacteria from the archean of western Australia. *Precambrian Research,* V. 20 N. 2-4 p. 357-374. 1990.

BLACK, J.G. **Microbiologia: fundamentos e perspectivas**. 4ª ed. Rio de Janeiro. Guanabara Koogan S.A. 829 p. 2002.

CURTIS, H. **Biologia**. 2ª.ed. Rio de Janeiro, RJ. Editora Guanabara Koogan S.A. 964 p. 1977.

DEPARTMENT OF INDUSTRY AND RESOURCES – Western Australia Government. gsdlmg_strom_sharkbay2.jpg. Tamanho 190676 bytes, 400 x 371 pixels. Disponível em: www.doir.wa.gov.au/gswa/d8826e646fc746c7bce99db5cf5f7c01.asp. Modificado em 13/10/2005. Acessado em 10/10/2006.

JOLY, A.B. **Botânica: introdução à taxonomia vegetal**. 13ª ed. São Paulo. Companhia Editorial Nocional. 777p. 2002.

JUNQUEIRA, L.C.; CARNEIRO, J. **Biologia Celular e Molecular**.7ª ed. Rio de Janeiro. Editora Guanabara Koogan S.A. 339p. 2000.

LARCHER, W. **Ecofisiogia Vegetal**. São Carlos, Rima. 531 p. 2000.

MADIGAN, M.T.; MARTINKO, J.M. & PARKER,J. **Microbiologia de Brock**. 10a. edição. Perason e Prentice Hall.608p. 2004.

MARGALEF, R. **Limnologia**. Barcelona. Ediciones Omega, S.A. 1010 p. 1983.

MICRO*SCOPE. Chroococcidiopsis polanslana. Disponível em: microscope.mbl.edu/baypaul/microscope/images/t_imgaz/chroococcidiopsis_bgw.jpg. Acesso em: 10/10/2006.

OYADOMARI, J. K. *Images of freshwater algae and protozoa from the keweenam Peninsula, Michigan.* Disponível em www.keweenawalgae.mtu.edu. Acesso em 10/10/2006.

PAERL, H.W. Nuisance phytoplankton blooms in coastal, estuarine and inland waters. **Limnol. Oceanogr.,** V.33 p.823-847. 1988a.

PAERL, H.W.; FULTON, R.S.; MOISNDER, P.H.; DYBLE, J. Harmfull freshwater algal blooms, with an emphasis on cyanobacteria. **The Scientific World,** V. 1 p. 76-113. 2001.

PELCZAR Jr., J.M.; CHAN, E.C.S.; KRIEG, N.R. **Microbiologia: conceitos e aplicações,** v. I, 2ª ed. São Paulo. MAKRON Books. 524 p. 1996.

REYNOLDS, C.S., WALSBY A.E. Cyanobacterial Water Blooms. **Biolog. Rev.,** V. 50 p. 437-481. 1975.

REYNOLDS, C.S.; JAWOSKI, G.H.M.; CMIECH, H.A.; LEEDALE, G.F. On the annual cycle of the blue-green alga Microscystis aeruginosa. Kütz Emend Elenkin. **Phil Trans R Soc Lond B.**, V. 293 p. 419-477. 1981.

RIDLEY, M. **Evolution**. 3th ed. Blackwell Publish. 485p. 2003.

RIPPKA, R., DERUELLES J., WATERBURY J.B., HERDMAN M. & STANIER R.Y. Generic Assignments, Strain Histories and Properties of Pure Cultures of Cyanobacteria. **Journal of General Microbiology** V. 111 p. 1-61 1979.

SMITH, G.M. **Botânica Criptogâmica: Algas e Fungo**s. Fundação Calouste Gulbenkian. Lisboa. 527 p. 1955.

SZE, P. Prokaryotic Algae (Cyanophyta, Prochlorophyta). In A **Biology of the Algae**, 2 ed. Dubuque, Iowa. Wm. C. Brown Plublishers. 259 p. 1993.

TRABULSI, L.R; ALTERTHUM, F.; CANDEIAS, J.A.N.; GOMPERTZ, O.F. **Microbiologia.** 3.ed. São Paulo. Editora Atheneu. 1999.

UNIVERSIDADE DE SEVILHA. Instituto de Bioquímica Vegetal y Fotosíntesis. Disponível em www.ibvf.cartuja.csic.es/cultivos/main.html. Acesso em 10/10/2006.

WAGNER, R. Cyanobacteriota, Blavalgen. Disponível em www.dr-ralf-wagner.de/blavalgen.html. Acesso em: 10/10/2006.

WETZEL, R.G. **Limnologia.** Fundação Calouste Gulbenkian. Lisboa. 919 p. 1993.

WHITTON, B.A.; POTTS, M. **The Ecology Cyanobacteria: Their Diversity in Time and Space.** Dordrecht, The Netherlands. Kluwer Academic Publishers. 669 p. 2000.

YOO, R.S.; CARMICHAEL, W.W.; HOEHN, R.C.; HRUDEY, S.E. **Cyanobacterial (Blue-Green Algal) Toxins: A Resource Guide.** American Water Works Association – Research Foundation, U.S.A. 229p. 1995.

2
CIANOTOXINAS

INTRODUÇÃO

Toxina, palavra traduzida do inglês para o português em 1835 (Houaiss, 2001), etimologicamente significa proteína sintetizada por um organismo, sendo tóxica para outras espécies. Com o tempo, o termo toxina adquiriu novas conotações, como veneno e substância venenosa segregada por seres vivos que podem provocar danos a seres de outras espécies.

Várias espécies de cianobactérias, que formam florações, produzem toxinas chamadas cianotoxinas.

As causas para essa produção ainda não estão bem esclarecidas, mas alguns pesquisadores acreditam que as cianotoxinas desempenham funções protetoras contra espécies zooplanctônicas, seus predadores primários, como fazem algumas plantas vasculares ao produzirem taninos, fenóis, alcalóides ou esteróides.

Outros pesquisadores sugerem que a produção de toxinas está relacionada às condições de crescimento ou à competição por recursos.

Os usos e ocupações sem planejamento de bacias hidrográficas, gerando esgotos e efluentes industriais, e a utilização de fertilizantes em áreas agriculturáveis, todos ricos em fósforo e nitrogênio, têm acelerado o processo de eutrofização dos sistemas aquáticos. Esse processo tem favorecido a proliferação e a predominância de espécies de cianobactérias produtoras de toxinas, acarretando a elevação dos custos do tratamento de águas de abastecimento e conseqüências, principalmente, à saúde da população.

A exposição humana a cianotoxinas pode acontecer de diferentes maneiras: contato dermal, inalação, ingestão oral (por água de abastecimento ou acidental-mente em atividades recreativas ou esportivas), intravenosa (em caso de tratamento de hemodiálise) e por meio da bioacumulação na cadeia alimentar.

CIANOTOXINAS

As cianobactérias são consideradas rica fonte de metabólitos secundários biologicamente ativos, isto é, de compostos não utilizados por esses organismos em seu metabolismo primário, muitos dos quais com possível potencial farmacológico (Carmichael, 1992).

As toxinas podem ser agrupadas em duas categorias, segundo sua origem e forma de dispersão no ambiente: endotoxinas e exotoxinas.

As endotoxinas são constituintes da parede celular de grande variedade de bactérias e também das cianobactérias e são liberadas para a água quando as células morrem e entram em senescência. Elas são compostas por polissacarídeos e lipídeo A. O lipídeo A é responsável pelas propriedades tóxicas que fazem com que uma infecção por gram-negativos se transforme num sério problema. São toxinas fracas que podem ser fatais em doses elevadas.

As exotoxinas são polipeptídeos (proteínas), altamente específicas, com ação tóxica poderosa, secretadas em baixas concentrações. Elas são produzidas por quase todos os organismos gram-positivos e gram-negativos. Algumas exotoxinas são enzimas, formadas em todos os estágios de crescimento da célula. São as mais poderosas toxinas conhecidas (algumas são de cem a um milhão de vezes mais potentes que a estricnina). De acordo com seu *sitio de ação*, as exotoxinas podem ser divididas em três grupos:

- ✓ Toxinas que atuam na membrana citoplasmática, interferindo em mecanismos de sinalização da célula; pertence a este grupo a toxina termoestável de *Escherichia coli*.

- ✓ Toxinas que alteram a permeabilidade da membrana celular, como as que formam poros (estreptolisina, listeriolisina, hemolisina de *Escherichia coli*), ou dissolvem a membrana, como a fosfolipase C das riquétsias.

- ✓ Toxinas que atuam no interior da célula, modificando enzimaticamente alvos citosólicos, e que podem ser dividas em seis grupos, de acordo com o tipo de atividade enzimática.

Não há ainda evidências seguras de que as cianobactérias secretem suas toxinas para o ambiente. O mais comum é o aumento da concentração de toxina na água estar associado à redução de proliferações (*bloons*) de cianobactérias, seja por mudanças nas condições ambientais, seja através do tratamento de água para abastecimento e conseqüente lise das células.

Segundo suas estruturas químicas, as cianotoxinas podem ser reunidas em três grupos: alcalóides, peptídeos cíclicos hepatotóxicos e lipopolissacarídeos (LPS).

ALCALÓIDES

Grupo heterogêneo de substâncias orgânicas, cuja similaridade molecular mais significativa é a presença de nitrogênio na forma de amina e, raramente, na forma de amida (Larcher, 2000). Há várias classes de alcalóides, e todas apresentam alguma ação fisiológica, geralmente sobre o sistema nervoso central. O homem utiliza alcalóides, como a morfina, a estricnina e a atropina, para fins medicinais, sendo que algumas dessas drogas podem causar alucinações.

Os alcalóides podem ser neurotóxicos (anatoxinas e saxitoxinas), citotóxicos (cylindrospermopsinas) ou dermatotóxicos (aplysiatoxinas e lyngbyatoxina). Eles são produzidos por espécies dos gêneros: *Anabaena* sp., *Planktothrix* sp., *Oscillatoria* sp., *Aphanizomenon* sp., *Lyngbya* sp., *Schizothrix* sp., *Cylindrospermopsis* sp. e *Umezakia* sp. (Sivonen & Jones, 1999).

Peptídeos cíclicos hepatotóxicos

São biomoléculas que podem conter desde dois a dezenas de fragmentos de aminoácidos. Esses aminoácidos são unidos, entre si, por meio de ligações peptídicas.

Segundo Carmichael (1992), são produzidos pelos gêneros *Microcystis* sp., *Nodularia* sp., *Oscillatoria* sp., *Nostoc* sp. e *Cylindrospermopsis* sp.

Lipopolissacarídeos (LPS)

São compostos por polissacarídeos e por lipídio A (endotoxina); estão presentes na composição da parede das células de organismos procariontes, bactérias gram-negativas (Keleti *et al.*, 1981). Esses compostos são encontrados em todas as cianobactérias, pois são constituintes de sua parede celular.

O lipídeo A é um glicofosfolipídeo cujo papel biológico é participar dos mecanismos de patogenicidade em células bacterianas gram-negativas. Essa endotoxina é um antígeno fraco, a não ser quando presente em doses elevadas, que não utiliza mecanismos enzimáticos para danificar as células.

Os antígenos, livremente formados no interior da célula, ficam dispersos no citoplasma, e como não existem estruturas secretoras, atingem o meio aquático através da membrana celular formada por substância dialisável, sem passar por qualquer canal excretor (Pádua, 2002). Uma possível explicação para a multiplicidade de existência das endotoxinas é a variabilidade genética dos LPS de diferentes microrganismos, uma vez que eles são componentes estruturais das membranas das bactérias gram-negativas (Black, 2002). Os LPS desempenham importante papel em manifestações clínicas, como inflamação, febre, coagulação intravascular e choque.

Em função da ação farmacológica, as cianotoxinas são classificadas em: neurotoxinas, hepatotoxinas e dermotoxinas (Lipopossacarídeos – LPS).

NEUROTOXINAS

Neurotoxinas são toxinas que atuam especificamente no sistema nervoso, mesmo em baixa concentração.

Algumas neurotoxinas foram classificadas como alcalóides ou organofosforados que atuam na transmissão dos impulsos nervosos, provocando morte por paradas respiratórias.

As neurotoxinas são produzidas principalmente pelos gêneros: *Anabaena* sp., *Aphanizomenon* sp., *Oscillatoria* sp., *Trichodesmium* sp., *Lyngbya* sp. e *Cylindrospermopsis* sp. Os três tipos de neurotoxinas produzidas a partir de espécies desses gêneros são: anatoxina-a, anatoxina-a (s), saxitoxinas (SXT), neosaxitoxinas (Neo-STX) e homoanatoxina-a (Azevedo, 1998).

a. Anatoxina-a

O nome anatoxina deriva de *Anabaena flos-aquae*, primeira cianobactéria na qual foi verificada a produção dessa toxina. A anatoxina pode ser produzida por *Anabaena* sp. (*flos-aquae-lemmermannii*), *Anabaena planktonica*, *Oscillatoria* sp., *Aphanizomenon* sp. e *Cylindrospermum* sp. (Sivonen & Jones, 1999).

A anatoxina-a foi a primeira cianotoxina a ser química e funcionalmente definida (Figura 2.1); trata-se de uma amina secundária (Roset *et al.*, 2001) com estrutura semelhante à da cocaína e à do neurotransmissor acetilcolina (Whitton & Potts, 2000).

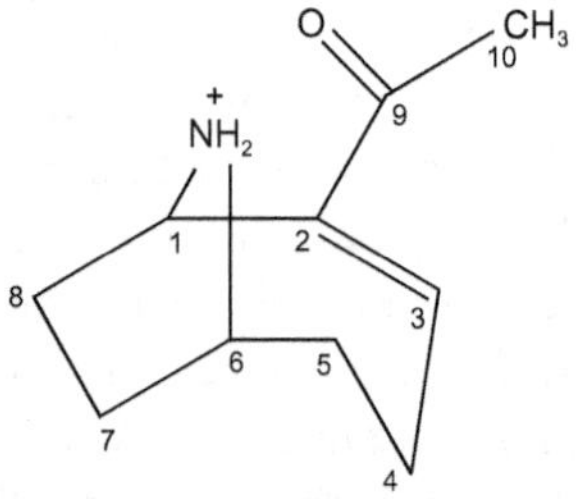

Figura 2.1   Estrutura química da anatoxina-a (Azevedo, 1998).

Segundo Azevedo (1998), a anatoxina-a é um "potente alcalóide neurotóxico, bloqueador neuromuscular pós-sináptico de receptores nicotínicos e colinérgicos", que se liga, irreversivelmente, a receptores de acetilcolina. Em células eucariontes, ela não é degradada pela acetilcolinesterase ou por qualquer outra enzima.

Em condições fisiológicas normais, a acetilcolina liga-se aos seus receptores, provocando abertura dos canais de sódio, o que leva ao movimento iônico que induz à contração muscular. A acetilcolinesterase degrada a acetilcolina, impedindo superestimulação das células musculares.

A acetilcolina é o mediador químico necessário à transmissão do impulso nervoso em todas as fibras pré-ganglionares do sistema nervoso antagônico (SNA), em todas as fibras parassimpáticas pós-ganglionares e em algumas fibras simpáticas pós-ganglionares. É o transmissor neuro-humoral do nervo motor do músculo estriado (placa mioneural) e de algumas sinapses interneurais do sistema nervoso central (SNC). Para haver a transmissão sináptica, é necessário que a acetilcolina seja liberada na fenda sináptica e se ligue a um receptor pós-sináptico. A seguir, a acetilcolina (Ach) disponível é hidrolizada pela acetilcolinesterase (AchE) (Caldas *et al.*, 2000).

A resposta da transmissão sináptica é extremamente rápida, em razão, principalmente, da pequena distância que o neurotransmissor atravessa, da riqueza de receptores e da afinidade entre os neurotransmissores e seus receptores. Entretanto, é preciso que o neurotransmissor seja imediatamente inativado para diminuir o tempo das conexões, ou seja, para "destruir" as sinapses, a fim de que não seja afetada a capacidade da transmissão sináptica de graduar sua atividade com precisão.

Em animais selvagens e domésticos, os sinais de envenenamento por ana-toxina-a incluem: desequilíbrio, contrações desordenadas dos músculos, respiração ofegante, convulsões e cianose. A morte é decorrente de parada respiratória e ocorre em período de poucos minutos a horas, dependendo da dosagem e do consumo prévio de alimento (Azevedo, 1998). Essa autora fez referência a um experimento com camundongos, no qual, para a toxina purificada, a DL_{50} intraperitonial (i.p.) [dose de um agente tóxico que causa efeito agudo (letalidade) a 50% dos organismos testes, em 24 horas de exposição] foi de 200 $mg.kg^{-1}$ de peso corpóreo, com tempo de sobrevivência de 1 a 20 minutos. Os líquidos injetados por esta via são rapidamente absorvidos, pelo fato de a cavidade peritonial oferecer grande superfície de absorção e permitir que as substâncias entrem rapidamente na circulação sanguínea.

b. Anatoxina-a (s)

A neurotoxina que recebeu o nome de anatoxina-a (s), em que s é indicador da salivação em vertebrados, provoca a mesma sintomatologia da neurotoxina anatoxina-a, acrescida de intensa salivação. Essa neurotoxina é produzida pela espécie *Anabaena flos-aquae* (Whitton & Potts, 2000).

A anatoxina-a (s) é um éster organofosforado natural e inibe a ação da acetilcolinesterase, impedindo a degradação da acetilcolina ligada aos receptores. A estrutura e a ação fisiológica diferem da anatoxina-a e apresentam toxicologia semelhante à dos inseticidas malation e paration. É caracterizada como N-hidroxiguanidina fosfato de metila (Azevedo, 1998) (Figura 2.2), porém, apresenta sintomas semelhantes aos da anatoxina-a, acrescido da falta de coordenação motora, diarréia, hipersalivação e tremores (Whitton & Potts, 2000).

Carmichael *et al.* (1990), em experimento com anatoxina-a (s) em camundongos, verificaram que a DL_{50} (i.p) foi de 20 $\mu g.kg^{-1}$ de peso corpóreo, o que evidenciou ser a toxicidade da anatoxina-a (s) dez vezes mais potente que a da anatoxina-a. Não são conhecidas estruturas variantes de anatoxina-a (Sivonen & Jones, 1999).

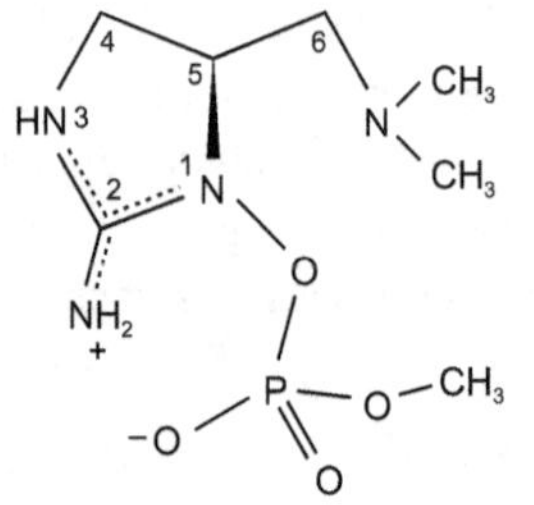

Figura 2.2 Estrutura química: anatoxina-a (s) (Sivonen & Jones, 1999).

Os modos de ação da anatoxina-a e da anatoxina-a (s) são muito semelhantes e se dão nas células nervosas, os neurônios, que são unidades sinalizadoras elementares do sistema nervoso. Quando a extremidade de uma célula nervosa é estimulada, ela sofre modificações eletroquímicas, chamadas impulsos nervosos, e os músculos são os principais alvos dessa estimulação.

Em um neurônio em repouso, não estimulado, há acúmulo de íons negativos na face interna da membrana celular e, conseqüentemente, igual acúmulo de íons positivos na parte externa da membrana. Essa situação é denominada polarização. Se a membrana do neurônio não for estimulada, não haverá alteração do potencial de repouso, mas qualquer estímulo aplicado sobre ela provoca imediata alteração: seu lado interno torna-se positivo e o externo, negativo.

Os íons positivos (Na$^+$) atravessam a membrana e, em caminho unidirecional, permitem a passagem do impulso nervoso de uma célula à outra por meio de uma substância chamada neurotransmissor, que estabelece conexões nervosas entre as células – as sinapses. Esse neurotransmissor ou mediador químico geralmente é a acetilcolina. Neste caso, a desconexão das células nervosas, ou seja, a destruição das sinapses é feita pela acetilcolinesterase (Figura 2.3a). A acetilcolina é sintetizada a partir de acetil co-enzima A (Acetil-CoA) e de colina. Sob a ação de acetilco-linesterase, ela é inativada por hidrólise com formação de colina e ácido acético que podem ser reutilizados na síntese de acetilcolina ou degradados dentro de metabolismo energético.

É muito grande a variedade de moléculas neurotransmissoras, entre elas temos: adrenalina, noradrenalina e ácido gama-aminobutírico, também conhecido como GABA (gama-amino-butiric acid).

A ação da anatoxina-a e da anatoxina-a (s), conforme mostra a Figura 2.3B e C, apresenta semelhanças com a acetilcolina e ocupa seu lugar, com conseqüente contração muscular, visto que a acetilcolinesterase não tem o poder de degradar a anatoxina-a e a anatoxina-a (s). As células permanecem, então, superestimuladas e, dependendo da região afetada, pode levar à morte.

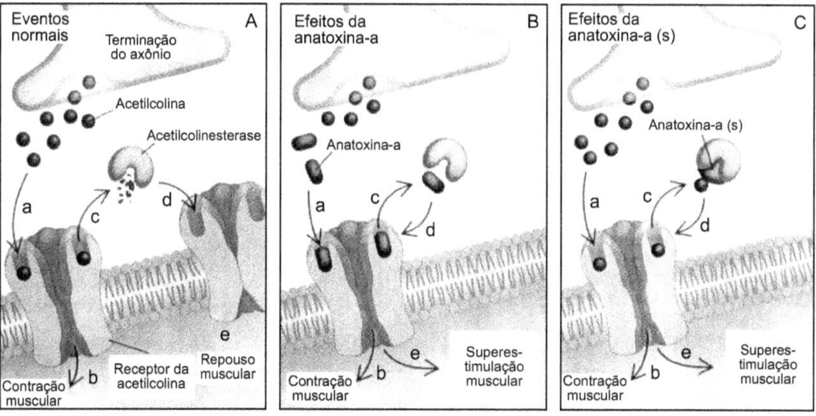

Figura 2.3 (A) Estimulação normal na contração muscular. (B) Efeitos da anatoxina-a na contração muscular. (C) Efeitos da anatoxina-a (s) na contração muscular (Carmichael, 1994b).

c. Saxitoxina e neosaxitoxina

Outras neurotoxinas são conhecidas como PSP (*Paralitic Selfish Poison*, em português: veneno paralisante de mariscos): saxitoxina e neosaxitoxina. Essas toxinas são alcalóides carbamatos (Figura 2.4) que impedem a interrupção da comunicação entre neurônios e células musculares, pelo bloqueamento dos canais de sódio (Roset *et al.*, 2001).

As PSPs são alcalóides neurotóxicos primeiramente encontrados na cianobactéria *Aphanizomenon flos-aquae*. Por isso, de forma geral, são chamadas afanotoxinas (saxitoxinas – STX e neosaxitoxinas) (Whitton & Potts, 2000).

Segundo Carmichael (1994a), essas toxinas inicialmente foram detectadas em dinoflagelados marinhos, responsáveis por florações chamadas marés vermelhas; posteriormente, foram encontradas nos gêneros de cianobactérias: *Anabaena* sp., *Aphanizomenon* sp., *Lyngbia* sp. e *Cylindrospermopsis* sp.

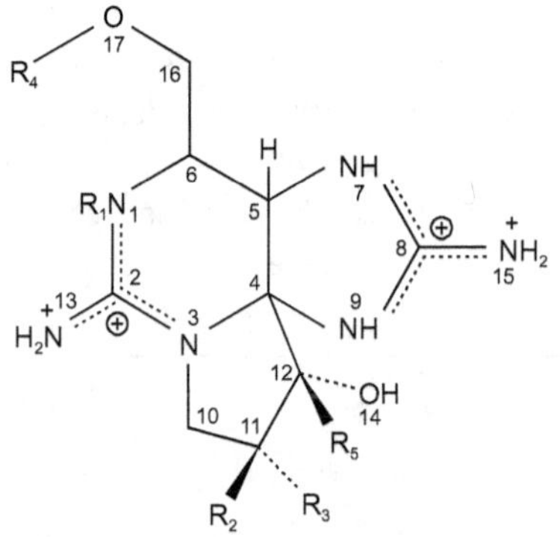

Figura 2.4 Estrutura geral: saxitoxinas (Azevedo, 1998).

A ingestão dessas toxinas impede a ação dos neurônios nas células musculares e pode causar uma série de sintomas: tontura, adormecimento da boca e extremidades, fraqueza muscular, náusea, vômito, sede e taquicardia (Azevedo, 1998). Segundo Carmichael (1994b), em intoxicações com doses letais, os primeiros sintomas podem aparecer 5 minutos após a ingestão, e a morte acontece de 2 a 12 horas; em casos de intoxicação com dose não letal, os sintomas desaparecem entre 1 e 6 dias.

Em experimentos feitos em camundongos (Kuiper-Goodman *et al.*, 1999), a DL_{50} (i.p.) para saxitoxina purificada foi de 10 $\mu g.kg^{-1}$ de peso corpóreo, enquanto para consumo oral a DL_{50} é de aproximadamente 263 $\mu m.kg^{-1}$ de peso corpóreo.

Segundo Sivonen & Jones (1999), a saxitoxina purificada apresenta toxicidade maior que a de anatoxina-a e a de anatoxina-a (s).

Ainda são poucos os dados para permitir estabelecer um limite máximo de concentração aceitável para as saxitoxinas em água potável. No Brasil, a Portaria nº 518, de 25 de março de 2004, do Ministério da Saúde, recomenda que as análises para saxitoxinas devem observar os valores-limite de 3,0 $\mu g/L^{-1}$.

A Figura 2.5 compara a ação da saxitoxina e da neosaxitoxina, bloqueando os canais de sódio e impedindo a propagação do impulso nervoso com a situação normal.

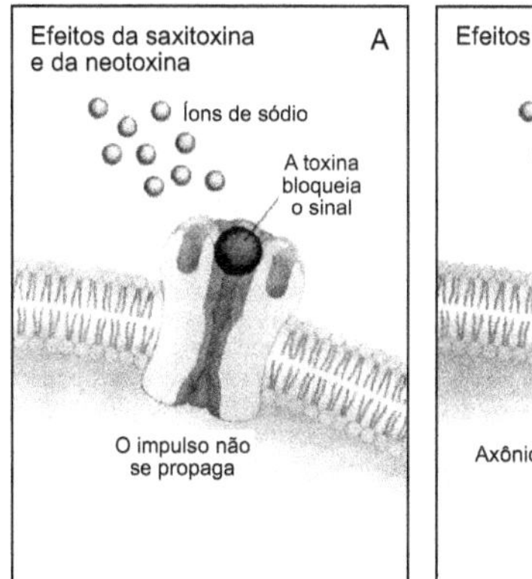

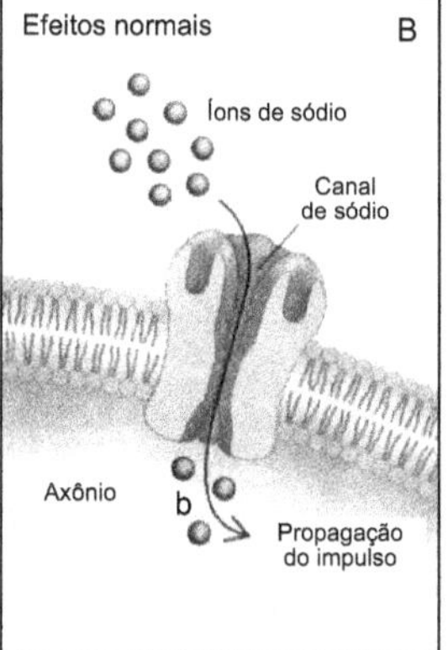

Figura 2.5 (A) Efeitos da saxitoxina e da neosaxitoxina na propagação do impulso nervoso. (B) Eventos normais da propagação do impulso nervoso (Carmichael, 1994b).

d. Homoanatoxina-a

Whitton & Potts (2000) reportaram que a homoanatoxina-a (Figura 2.6), produzida pela espécie *Oscillatoria formosa*, caracteriza-se como amina secundária. É um alcalóide similar à antoxina-a, que age como potente bloqueador neuro-muscular; em doses letais conduz à paralisia corporal, convulsões e morte por parada respiratória.

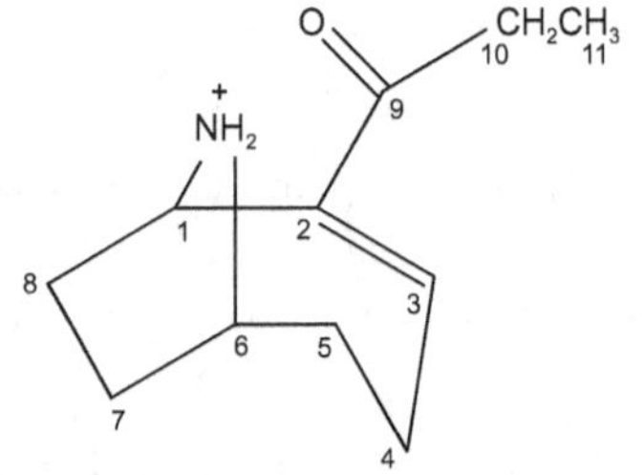

Figura 2.6   Estrutura química: homoanatoxina-a (Sivonen & Jones, 1999).

HEPATOTOXINAS

As hepatotoxinas agem principalmente no fígado. Muitas hepatotoxinas não têm nenhuma atração especial pelo tecido hepático, mas como o fígado concentra toxinas na tentativa de degradá-las, as toxinas acabam atuando mais nesse órgão.

As intoxicações mais comuns por cianobactérias, segundo Carmichael (1991) e Roset *et al.* (2001), são provocadas por hepatotoxinas, comumente peptídeos cíclicos hepatotóxicos.

As microcistinas que foram isoladas de *Microcystis* sp. e dos gêneros *Anabaena flos-aquae*, *Nostoc rivulare* e *Oscillatoria agradhii* são classificadas como heptapeptídeos (formadas por 7 aminoácidos) (Figura 2.7), e as nodularinas isoladas de *Nodularia spumigena*, como pentapeptídeos cíclicos (5 aminoácidos) (Figura 2.8).

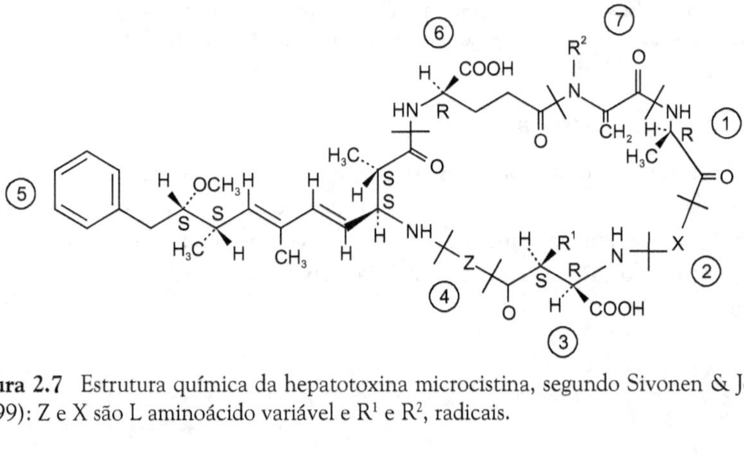

Figura 2.7   Estrutura química da hepatotoxina microcistina, segundo Sivonen & Jones (1999): Z e X são L aminoácido variável e R^1 e R^2, radicais.

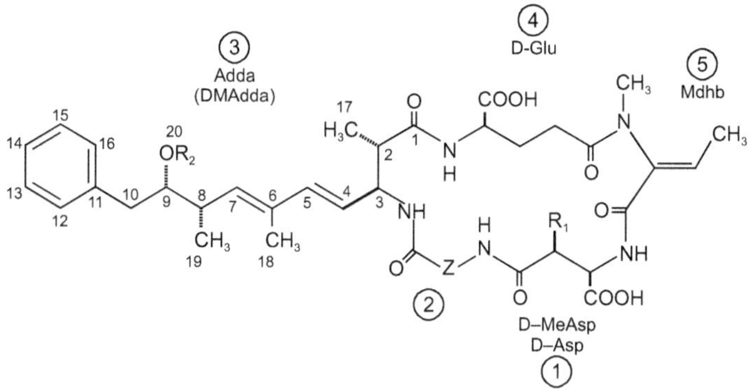

Figura 2.8   Estrutura química geral das nodularinas, segundo Sivonen & Jones (1999).

Atualmente, são conhecidas mais de 8 nodularinas, classificadas de acordo com a variação do grau de metilação, composição e isomeração de seus aminoácidos (Roset *et al.*, 2001).

A nomenclatura das microcistinas (segundo Azevedo, 1988) foi proposta por Carmichael *et al.* (1988a, b). Acrescentam-se as iniciais dos dois L aminoácidos após o nome da toxina, por exemplo: microcistina-LR (leucina-arginina) e microcistina-RR (arginina-arginina).

As microcistinas são inibidoras das proteínas fosfatases (PP1 e PP2A). As proteínas fosfatases são um grupo muito comum de enzimas responsáveis pelo processo de desfosforilização de várias proteínas e enzimas na célula. Sua importância reside no fato de que os processos de fosforilização e desfosforilização são necessários para regulação de várias atividades intracelulares (Serres *et al.*, 2000).

A inibição das proteínas fosfatases causa hiperfosforilização e leva a um total desacoplamento das atividades celulares. Este desacoplamento em mamíferos e peixes (Ueno *et al.*, 1999) promove a necrose das células do fígado (Takenaka, 2000) ou o aparecimento de tumores (Humpage & Falconer, 1999).

O primeiro relato de envenenamento por hepatotoxinas esteve associado à presença de *Microcystis aeruginosa*; por isso, mais tarde essa toxina foi denominada microcistina (Carmichael, 1991). Nobre (1997) relata que as microcistinas são mais tóxicas do que o inseticida sintético malation e 12 vezes mais tóxicas do que 2,3,7,8-TCDD para camundongos, com DL_{50} menor que 5 µg.kg^{-1}, o que pode ser considerado supertóxico.

Whitton & Potts (2000) relatam que foram isoladas mais de 60 variedades de microcistinas de *Oscillatoria agardhii*; as diferenças foram verificadas no grau de metilação dos aminoácidos. Estudos em laboratório afirmaram que a DL_{50} ficou entre 25 e 150 $\mu g.kg^{-1}$ de peso corpóreo (Sivonen & Jones, 1999). A microcistina-LR (Mcist-LR) é a hepatotoxina mais tóxica e mais comumente encontrada em água doce (Pinho *et al.*, 2003).

As cilindrospermopsinas, também peptídicas, são classificadas como alcalóides guanídicos cíclicos (Brasil, 2004) (Figura 2.9). Foram isoladas das espécies *Cylindrospermopsis raciborskii*, na Austrália, *Umezakia natans*, no Japão, e *Aphanizomenon ovalisporum*, em Israel e na Austrália, e apresentam sintomatologias semelhantes às demais hepatotoxinas (Whitton & Potts, 2000), mas podem também causar injúria nos rins.

Tem-se observado, nos últimos anos, maior freqüência de florações de *Cylindrospermopsis raciborskii* em sistemas tropicais eutrofizados (principalmente em reservatórios brasileiros). Essas cianobactérias, além de produzir cilindrospermopsinas, podem também produzir alcalóides e PSPs (Tucci & Sant'anna, 2003).

O sucesso ecológico de *Cylindrospermopsis raciborskii*, segundo Padisák (1997), está relacionado à capacidade de migração na coluna de água, tolerância à baixa luminosidade, habilidade em utilizar fontes internas de fósforo, afinidade com fósforo e amônia, capacidade de fixar nitrogênio atmosférico, resistência à herbivoria pelo zooplâncton, grande capacidade de dispersão por meio de acinetos e adaptação em condições de baixa salinidade.

Essas condições também são importantes para vários outros gêneros de cianobactérias, e o real significado do aumento da observação de *Cylindrospermopsis raciborskii* em reservatórios brasileiros ainda não está totalmente claro.

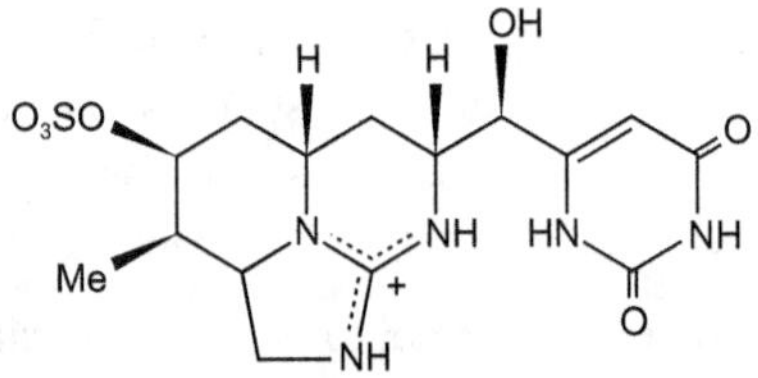

Figura 2.9 Estrutura química da hepatotoxina cilindrospermopsina (Sivonen & Jones, 1999).

Segundo Carmichael (1994a), as hepatotoxinas, que chegam por meio de receptores dos ácidos biliares, promovem desorganização do citoesqueleto dos hepatócitos, com conseqüente perda da estrutura do fígado, provocando sua retração e aumento dos espaços intercelulares. Como as células dos capilares sinusoidais se retraem, o sangue passa a fluir destes para os espaços intercelulares formados, provocando lesões tecidulares e, muitas vezes, choque hipovolêmico (Figura 2.10b).

Estudos recentes demonstraram que as microcistinas são potentes inibidores das fosfatases protéicas do fígado – enzimas que, em conjunto com as cinases protéicas, regulam o mecanismo de fosforilação e desfosforilação das proteínas, desempenhando importante papel na divisão celular. A inibição das fosfatases afeta o equilíbrio de fosforilação-desfosforilação, o que induz à proliferação celular. Em caso de exposição a doses não letais, o risco é decorrente da possibilidade de as hepatotoxinas serem promotoras de tumores hepáticos.

Em laboratório, os sintomas de envenenamento em camundongos, ratos e coelhos incluem: anorexia, diarréia, palidez das mucosas, vômitos, fraqueza e morte – entre 5 minutos e 2 horas, dependendo da dose (Brooks & Codd, 1986) –, decorrentes de hemorragia intra-hepática, necrose e desintegração da estrutura do fígado (Whitton & Potts, 2000).

Em estudos laboratoriais realizados por Salomon *et al.* (1996), com o intuito de verificar a toxicidade de *Microcystis aeruginosa*, foram aplicados intraperitonialmente extratos dessa cianobactéria em camundongos. Cortes histológicos de tecidos do fígado permitiram observar o aumento do volume e da massa hepática dos animais que receberam maiores doses. Em indivíduos controle, a proporção do peso do fígado ficou em torno de 5%-6%; em indivíduos que receberam as maiores doses, essa proporção subiu para 8%-9%. Nos cortes histológicos do fígado de animais expostos houve visível diferença em relação à estrutura do parênquima hepático, que apresentou aspecto congestivo e hemorrágico. A luz dos vasos, inclusive dos sinusóides, ficou repleta de glóbulos sanguíneos e houve intensa vesiculação no citoplasma dos hepatócitos (Figura 2.10).

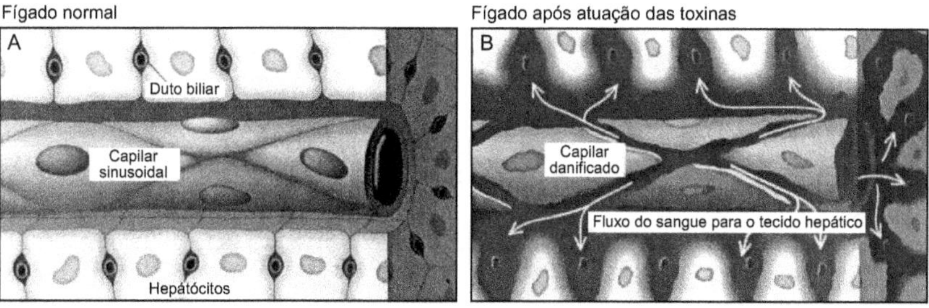

Figura 2.10   (A) Fígado normal. (B) Fígado após atuação de hepatotoxinas (Carmichael, 1994b).

DERMATOTOXINAS (LPS)

As dermatotoxinas, toxinas irritantes ao contato com a pele (contato dermal), são compostos tóxicos produzidos por cianobactérias causadoras de danos menores que os causados por hepatotoxinas e neurotoxinas. São produzidas por todos os gêneros de cianobactérias. Os LPS são integrantes da parede celular de cianobactérias e de outras bactérias (Sivonen & Jones, 1999). No entanto, segundo Kuiper-Goodman *et al.* (1999), os LPS das cianobactérias são menos tóxicos que os LPS de outras bactérias, como *Salmonella*.

O contato direto com a dermatotoxina produzida por cianobactérias pode ocorrer acidentalmente ou durante a prática de esportes aquáticos. Desses contatos surgem a sintomatologia: vermelhidão e lesões na pele, irritação nos olhos, conjuntivite, urticária, obstrução nasal e asma. São citados casos de dermatites de contato em humanos associados ao uso de água de recreação (Carmichael, 1981). Segundo Amorim (1997), as estruturas dessas toxinas ainda são pouco conhecidas.

Na Tabela 2.1 constam as possibilidades de exposições do homem às cianotoxinas.

Tabela 2.1   Algumas possíveis rotas de exposição às toxinas de cianobactérias, presentes em águas continentais (C), águas de transição (T) ou marinhas (M).

Rota de exposição	Meio	Atividade
Contato com a pele	C, T, M	1- Atividades recreativas, contato direto com água superficial ou florações de cianobactérias tóxicas.
	C, T, M	2- Atividades recreativas ou laboratoriais com contato direto com águas com florações tóxicas.
	C	3- Banho com água tratada contendo cianotoxinas.
Ingestão de água	C, T, M	1- Ingestão acidental de cianobactéria tóxica.
	C	2- Ingestão de água natural com florações tóxicas e cianotoxinas livres.
	C	3- Ingestão de água tratada que contenha cianotoxinas.
Inalação	C, T, M	1- Ducha, práticas laboratoriais, esportes aquáticos.
Consumo de alimentos	C, T, M	1- Moluscos ou outros produtos de maricultura contendo cianotoxinas.
	C, T	2- Consumo de produtos vegetais com acúmulo de cianotoxinas por regação.
Hemodiálise	C	1- Utilização de água contendo cianotoxinas na hemodiálise.

Segundo Sivonen & Jones (1999), os principais gêneros de cianobactérias, suas cianotoxinas e seus alvos primários em mamíferos encontram-se na Tabela 2.2.

Tabela 2.2 Cianotoxinas, alvo primário em mamíferos e gêneros responsáveis pela produção.

Grupo da toxina	Alvo primário em mamíferos	Gêneros de cianobactérias
Peptídeos cíclicos		
Microcistina	Fígado	*Microcystis* sp., *Anabaena* sp., *Planktothrix* sp. (*Oscillatoria* sp.), *Nostoc* sp., *Hapalosiphon* sp., *Anabaenopsis* sp.
Nodularina	Fígado	*Nodularia* sp.
Alcalóides		
Anatoxina-a	Nervo sináptico	*Anabena* sp., *Planktothrix* sp. (*Oscillatoria* sp.), *Aphanizomenon* sp.
Anatoxina-a (s)	Nervo sináptico	*Anabaena* sp.
Aplisiotoxina	Pele	*Lyngbya* sp., *Schizothrix* sp., *Planktothrix* sp. (*Oscillatoria* sp.)
Cilindrospermopsina	Fígado	*Cylindrospermopsis* sp., *Aphanizomenon* sp., *Umezakia* sp.
Lyngbyatoxina-a	Pele, trato gastrointestinal	*Lyngbya* sp.
Saxitoxina	Nervo axônico	*Anabaena* sp., *Aphanizomenon* sp., *Lyngbya* sp., *Cylindrospermopsis* sp.
Lipopolissacarídeos		
(LPS)	Qualquer contato. Potencial irritante	Todos

A toxicidade das cianobactérias varia de espécie para espécie; dentro dos gêneros pode haver cepas produtoras e não produtoras de toxinas (Zagatto & Aragão, 1997; Zagatto, 2001). As cianobactérias produtoras de toxinas são constante fonte de preocupação para os operadores de estações de tratamento de água.

Na Tabela 2.3 tem-se uma comparação entre toxinas de cianobactérias e outras toxinas conhecidas.

Tabela 2.3 Toxicidade (DL_{50} $\mu g.kg^{-1}$ para testes intraperitoniais com camundongo) para diversas toxinas.

Toxina	Produtor	DL_{50} ($\mu g.kg^{-1}$)
Botulínica	*Clostridium botulinum*	0,00003
Tetanospamina	*Clostridium tetani*	0,0001
Diftérica	*Corynebacterium diphtheriae*	0,3
Tetrotoxina	*Takifugu rubripes* (baiacu) provavelmente em associação com bactérias	8
Saxitoxina	Várias espécies de dinoflagelados e cianobactérias	9
Cobra	*Crotalus durissus* (cascavel)	18
Anatoxina-a (s)	Cianobactérias	20-40
Nodularina	Cianobactérias	30-50
Microcystina-LR	Cianobactérias	50
Anatoxina-a	Cianobactérias	200
Paration	Defensivo agrícola	3.550

Ainda não se conhecem claramente os motivos que levam ao aparecimento e predomínio de cepas tóxicas. Duas hipóteses alternativas são propostas e estudadas:

1. O predomínio de cepas tóxicas e não tóxicas está relacionado à dinâmica populacional e às inter-relações competitivas entre as populações.
2. A toxicidade está relacionada à presença de algum estressor ambiental.

A primeira hipótese explica por que somente 50% das proliferações de cianobactérias são confirmadas tóxicas, porém, não explica por que cepas com o gene para a produção de toxinas não as produzem constantemente. A hipótese alternativa explicaria por que cepas tóxicas podem produzir ou não toxinas, porém, um único fator ou conjunto de fatores relacionados à produção de toxinas ainda não foi encontrado.

As espécies associadas às florações de cianobactérias tóxicas, no mundo todo, aparentemente são influenciadas por diferenças regionais climáticas, diferenças químicas da água, morfologia da bacia e, particularmente, pela profundidade e transparência da água (Yoo *et al.*, 1995).

As primeiras intoxicações registradas em populações humanas, causadas pelo consumo de água contaminada por cepas tóxicas de cianobactérias, foram descritas na Austrália, Inglaterra, China e África do Sul (Roset *et al.*, 2001).

No Brasil são relatados alguns casos, dos quais o mais grave foi o episódio de Caruaru, em 1996, quando 123 pacientes de uma clínica de hemodiálise tiveram quadro clínico indicativo de síndrome de intoxicação hepática; 60 desses pacientes morreram. A investigação revelou que a intoxicação foi causada pela água da hemodiálise contaminada por cianotoxinas (Azevedo, 1998).

Segundo Proença (2000), a exposição de seres humanos às cianotoxinas estaria também associada ao acúmulo na cadeia trófica. Magalhães *et al.* (1999) relatam que estudos realizados em um ecossistema do litoral do Rio de Janeiro demonstraram que as hepatotoxinas acumuladas em peixes podem chegar aos consumidores em níveis preocupantes.

O acúmulo de microcistinas em tecidos de peixes pode ser rápido, principalmente na musculatura. Entretanto, estudos indicam que o peixe, ao parar de ingerir essas toxinas, é capaz de depurá-las. Além disso, a taxa e a velocidade do acúmulo das cianotoxinas variam dependendo da maneira como ela é oferecida. Dessa forma, os valores podem ser potencializados com o aumento das florações de cianobactérias potencialmente tóxicas. Mas, geralmente, os peixes parecem ser pouco sensíveis à ação de cianotoxinas e freqüentemente tornam-se veículos da toxina para outros animais.

Vários fatores promovem a liberação das cianotoxinas pelas cianobactérias: algicidas como sulfato de cobre e sulfato de cloro, o estresse celular decorrente de condições ambientais desfavoráveis e a senescência, que é causa natural. A liberação das toxinas geralmente ocorre após a lise celular (Yoo *et al.*, 1995; Pádua, 2002), mas algumas evidências atuais apontam que em situações de estresse pode ocorrer a liberação da toxina sem a lise celular.

Dados sobre conteúdos protéicos e de carboidratos de algumas cianobactérias sugerem que elas podem representar fonte de alimento de considerável valor nutritivo para o zooplâncton. No entanto, investigações limnológicas realizadas em ambientes eutróficos, nos quais são freqüentes as florações de *Microcystis aeruginosa*, registraram mudanças na composição do zooplâncton (Fulton & Paerl, 1987a). Isso foi corroborado por Ribeiro *et al.* (1997), em experimentos feitos em tanques de piscicultura, onde a população zooplanctônica reduziu-se após o aparecimento de florações de *Microcystis* sp. e *Anabaena* sp.

Em interações fitozooplanctônicas, além da importância dos organismos fitoplanctônicos na nutrição do zooplâncton – no que diz respeito à concentração e qualidade nutricional do alimento –, devem, também, ser considerados os efeitos associados à possível toxicidade, pois os organismos fitoplanctônicos que se mostram tóxicos aos vertebrados nem sempre são nocivos aos invertebrados planctônicos (Hawkins & Lampert, 1989).

Segundo estudos feitos por Faintuch (1989), a utilização de cianobactérias como fonte de proteínas e vitaminas é muito antiga (século XVI). Algumas espécies, como *Spirulina maxima*, são altamente aproveitadas como complemento na alimentação humana e animal, por apresentar alto teor de aminoácidos essenciais. Segundo a mesma autora, o gênero *Oscillatoria* apresenta também elevados níveis protéicos, entretanto, seu uso na alimentação humana ou na ração animal é restrito, por seu sabor e odor pouco atraentes e pela capacidade de produção de hepato-toxinas. Conseqüentemente, os efeitos das florações estão diretamente relacionados às características da espécie fitoplanctônica, às taxas de ingestão destas e à digestibilidade do alimento (Porter, 1973; Talamoni, 1995).

Efeitos tóxicos podem incluir letalidade, mortalidade e efeitos subletais, como mudanças no crescimento, desenvolvimento, reprodução, patologia e comportamento – efeitos estes que podem ser expressos por meio de critérios quantitativos, como número de organismos mortos, mudanças no peso, inibição enzimática, comportamento e outros (Talamoni, 1995). A mesma autora reporta que, freqüentemente, as concentrações de cianobactérias são suficientes para provocar efeitos danosos aos organismos, podendo afetar seu desenvolvimento. Isso pode ocorrer com maior freqüência em ocasiões nas quais os fatores ambientais favoreçam o desenvolvimento de espécies cujas toxicidades, eventualmente comprovadas, representem o mais abundante alimento do ambiente, o que faz da herbivoria um dos principais responsáveis pela alteração da biomassa fitoplanctônica.

Há indicações de que a herbivoria do zooplâncton pode reduzir a biomassa de populações de cianobactérias, desde que os organismos zooplanctônicos estejam presentes antes de as cianobactérias atingirem tamanho tal que possam servir de alimento a outros animais que também sejam seus predadores (Whitton & Potts, 2000).

Há espécies zooplanctônicas que se alimentam de cianobactérias produtoras de toxinas, mas somente o fazem quando faltam outras fontes de alimento. Os organismos zooplanctônicos também ingerem toxinas em doses subletais, por isso, ainda que haja decréscimo de suas capacidades reprodutivas, esses indivíduos sobrevivem a essa ingestão, o que é motivo de interesse para o controle das cianobactérias.

DEGRADAÇÃO DE CIANOTOXINAS

As cianotoxinas exibem diferenças nas estabilidades químicas e degradação biológica nos sistemas aquáticos.

Em pH próximo à neutralidade, as microcistinas são extremamente estáveis, resistentes à hidrólise química e à oxidação. As microcistinas, assim como as nodularinas, mantêm sua toxicidade mesmo após fervura.

No escuro, em condições naturais, as microcistinas resistem por meses ou anos (Sivonen & Jones, 1999). Em pH alto ou baixo e em temperatura elevada (superior a 40°C), têm sido observadas lentas hidrólises, sendo necessárias em pH 1 aproximadamente 10 semanas e em pH 9 aproximadamente 12 semanas para a degradação de aproximadamente 90% da concentração total de microcistina (Harada *et al.*, 1996).

Tsuji *et al.* (1993) relatam ser lenta a degradação fotoquímica das microcistinas expostas à luz solar, com aumento da taxa da reação em presença de pigmentos fotossintéticos hidrossolúveis, presumidamente ficobiliproteínas. Em presença desses pigmentos, a degradação fotoquímica de 90% da concentração total de microcistinas pode variar de 6 a 20 semanas, em função da concentração de pigmentos e proteínas. A presença de substâncias húmicas parece acelerar a degradação das microcistinas sob a luz solar (Sivonen & Jones, 1999).

Embora as microcistinas sejam resistentes a muitas peptidases de eucariontes e bactérias, elas são suscetíveis à degradação por algumas bactérias encontradas em ecossistemas aquáticos e efluentes de esgoto. Esse processo de decomposição bacteriana pode levar à degradação de 90% das microcistinas entre 10 e 20 dias, o que depende da concentração inicial dessas toxinas e da temperatura da água (Sivonen & Jones, 1999).

Estudos feitos por Salomon *et al.* (2001) relatam que o aumento da salinidade das águas diminui as concentrações intracelulares de microcistinas. Isso mostra que, em condições de estresse salino, esses organismos podem retardar seus processos metabólicos secundários.

A anatoxina-a é relativamente estável no escuro, mas em solução pura e em presença de luz solar sofre rápida degradação fotoquímica, degradação esta que é acelerada, também, em condições alcalinas (Stevens & Krieger, 1991). Na degradação fotoquímica, a meia-vida é de 1 a 2 horas. Em condições normais de luz, com pH entre 8 e 10 e baixas concentrações iniciais ($10\ \mu g.L^{-1}$), a metade do total de anatoxina-a é degradada em 14 dias (Smith & Sutton, 1993).

Essa toxina (anatoxina-a) pode, ainda, ser degradada por bactérias associadas aos filamentos de *Anabaena*. É o caso de uma cepa isolada de *Pseudomonas* sp. capaz de degradar a toxina a uma taxa de 6 a 10 $\mu g.ml^{-1}$, a cada 3 dias (Kiviranta *et al.*, 1991).

A anatoxina-a (s) se decompõe rapidamente em condições alcalinas, mas é estável em condições ácidas. Ela é instável a temperaturas acima de 4°C (Matsunaga *et al.*, 1989).

No escuro e em temperatura ambiente, as saxitoxinas sofrem lentas reações de hidrólise química. As C-toxinas (toxinas com dois grupamentos sulfatos) perdem seu grupamento N-carbamoilsulfato e se transformam em decarbamoil goniautoxinas (dc-GTX-decarbamoilgoniautoxinas). As decarbamoilsaxitoxinas (dc-GTXs), goniautoxinas (GTXs) e saxitoxinas (STXs) são lentamente degradadas para produtos não tóxicos. O tempo necessário para degradar metade dessas toxinas varia de 1 a 10 semanas; e para degradar 90%, mais de três meses (Jones & Negri, 1997). As dc-GTXs são mais tóxicas que as C-toxinas (10-100 vezes); em função disso, pode haver aumento da toxicidade da água durante as três primeiras semanas após a floração de cianobactérias tóxicas. Processos de acidificação e fervura aumentam a toxicidade.

A cilindrospermopsina é relativamente estável no escuro, com lenta degradação a altas temperaturas (50°C). A degradação ocorre rapidamente em presença de luz solar e de pigmentos fotossintetizantes; 90% dessa toxina é degradada entre 2 e 3 dias (Chisweel *et al.*, 1999).

TOXICIDADE E RISCO

A simples presença de uma substância tóxica no ambiente não a torna um risco para a população.

Vários fatores podem influenciar o potencial tóxico e sua ação nos organismos após sua dispersão no ambiente:

- ✓ As interações com outras substâncias dissolvidas no ambiente.
- ✓ Os processos de degradação e biodegradação naturais.
- ✓ O transporte entre os compartimentos do ecossistema.
- ✓ As vias de contaminação e o tempo de contato com os organismos.
- ✓ A dinâmica da substância tóxica nos organismos e sua ação nos sítios de ação.

A análise da toxicidade de uma susbstância no ambiente passa por várias etapas, como a determinação do grau de toxicidade através de testes toxicológicos e bioensaios, a toxicocinética ambiental e a toxicodinâmica da substância no ambiente.

Microcistina-LR é de 30 a 100 vezes menos tóxica por ingestão oral do que por inoculação intraperitonial (Fawell *et al.*, 1999).

Apesar de as cianotoxinas serem um problema ambiental e de saúde pública cada vez mais importante e de ocorrência cada vez mais comum, a maioria dos trabalhos se concentra no grau de toxicidade em testes intraperitoneal com ratos, que, embora traga importantes informações sobre o grau de toxicidade das cianotoxinas, pouco informa sobre seu real risco para os organismos e para o ambiente ou sobre a estrutura química dessas substâncias.

O estudo das cianotoxinas está entrando numa nova fase, com estudos mais complexos e necessários para o real entendimento do risco dessas substâncias.

BIBLIOGRAFIA RECOMENDADA

AMORIM, A.M.G. **Acumulação e Depuração de Microcistinas por Mytilus Galloprovincialis Lamarck.** Dissertação de Mestrado. Faculdade de Ciências da Universidade do Porto. Porto, Portugal. 69p. 1997.

AZEVEDO, F.A.; CHASIN, A.A. da M. **As Bases Toxicológicas da Ecotoxicologia.** São Carlos, Rima. 322 p. 2003.

AZEVEDO, S.M.F.O. Toxinas de cianobactérias: causas e conseqüências para a Saúde Pública. **Medicina On Line,** v.1, Ano 1, n. 3. Jul/Ago/Set. 1998.

BLACK, J.G. **Microbiologia: fundamentos e perspectivas.** 4ª ed. Rio de Janeiro. Guanabara Koogan S.A. 829 p. 2002.

BRASIL **Portaria nº518 de 25 de Março de 2004.** Brasília: Ministério da Saúde. 21p. 2004.

BROOKS, W.P.; CODD, G.A. Extraction and purification of toxic peptides from the natural blooms and laboratory isolates of the cyanobacterium. **Letters in Applied Microbiology,** v. 2. p.1-3. 1986.

CALDAS, L.Q. de A.; GUERRA, L.R.; MORAES, A.C.L. de; ROCHA, S.R.A.; UNES, A.F.; CALDAS, A.F. de A.; FONSECA, A.F.; MARTINS, I. de O. **Intoxicações exógenas agudas por carbamatos, organofosforados, compostos bipiridílicos e piretróides.** Centro de Controle de Intoxicações (CCIn). Hospital Universitário Antônio Pedro. Universidade Federal Fluminense. Niteroi, RJ. 40 p. 2000.

CARMICHAEL, W.W. (1981). Freshwater Blue-Green Algae (Cyanobacteria) Toxins – A Review. In: CARMICHAEL, W. W. (ed.) - **The Water Environment Algal Toxins and Health.** Wright State University. Dayton, Ohio. New York. Plenum Press. p.1-13 19981.

CARMICHAEL, W.W. Blue-Green Algae: An Overlooked Health Threat. In **Health & Environment Digest.** Freshwater Foundation. July, 1991. v.5, n.6: 1-4. 1991.

CARMICHAEL, W.W. Cyanobacteria secondary metabolites – The cyanotoxins. **J. Appl. Bact.,** v. 72. p. 445-459. 1992.

CARMICHAEL, W.W. An overview of toxic cyanobacterial research in the United States. In **Proc. of Toxic Cyanobacteria – A Global Perspective**, Adelaide, South Australia Centre for Water Quality Research. 1994a.

CARMICHAEL, W.W. The toxins of cyanobacteria. **Scientific American.** V. 270 n. 1 p. 64-89. 1994b.

CARMICHAEL, W.W.; BEASLEY, V.R.; BUNNER, D.L.; ELLOF, J.N.; FALCONER, I.; GORHAM, P.; HARADA, K.I.; KRISHNAMURTHY, T. YU, M.J. MOORE, R.E.; RINEHART, K.; RUNNEGAR, M.; SKULBERG, O.M.; WATANABA, M. Naming. of cyclic heptapeptide toxins of cyanobacteria (blue-green algae). **Toxicon,** v. 26. p.971-973. 1988a.

CARMICHAEL, W.W.; ESCHEDOR, J.T.; PATTERSON, G.M.L.; MOORE, R.E. Toxicity and partial structure of hepatotoxic peptide produced by the cyanobacterium Nodularia spumigena Mertens Emend. L575 from New Zealand. **Appl. Environ. Microbiol. V.54.** p.2257-2263. 1988b.

CARMICHAEL, W.W.; MAHMOOD, N.A.; HYDE, E.G. Natural toxins from cyanobacteria (blue-green algae). In: S. Hall and G. Strichartz (eds). **Marine Toxins, Origin, Structure and Mollecular Pharmacology,** v. 418. p. 87-106. 1990.

DEVLIN, J.P.; EDWARDS, O.E.; GORHAM, P.R.; HUNTER, N.R.; PIKE, R.K.; STAVRIC, B. (1977). Anatoxin-a, a toxic alkaloid from Anabaena flos-aquae NRC-44 h1 . **Can. J. Chem.,** v. 55. p.1367-1371. 1977.

FAWELL, J.K.; MITCHELL, R.E.; EVERETT, D.J.; HILL, R.E. The toxicity of cyanobacterial toxins in the mouse: I microcystin-LR. **Human & Experimental Toxicology,** v. 18. p. 162-167. 1999.

FAINTUCH, B.L. **Análise comparativa da produção de biomassa a partir de três cianobactérias empregando distintas fontes nitrogenadas.** Dissertação. Faculdade de Ciências Farmacêuticas. USP. São Paulo. 192p. 1989.

FULTON, R.; PAERL, H.W. Effects of colonial morphology on zooplankton utilization of algal resources during blue-green algal (Microscystis aeruginosa) blooms. **Limnol. Oceanogr.,** v. 32. n. 3 p. 634-644. 1987a.

HAWKINS, P.; LAMBERT, W. The effect of Daphnia body size on filtering rate inhibition in the presence of a filamentous Cyanobacterium. **Limnol. Oceanogr.,** V. 34 n.6 p.1084-1089. 1989.

HOUAISS, A. **Dicionário Houaiss da Língua Portuguesa.** Rio de Janeiro, Objetiva Editora. 3008p. 2001.

JUNQUEIRA, L.C.; CARNEIRO, J. **Biologia Celular e Molecular.**7ª ed. Editora Guanabara Koogan S. A., Rio de Janeiro. 339p. 2000.

KANDEL, E.R.; SCHWARTZ, J.H.; JESSEL, T.M. **Fundamentos da Neurociência e do Comportamento.** Rio de Janeiro. Editora Guanabara Koogan S. A. 591p. 2000.

KELETI, G.; SYKORA, J.L.; MAIOLIE, L.A.; DOERFLER, D.L.; CAMPBELL, I.M. Isolation and characterization of endotoxin from cyanobacteria (Blue-Green Algae). In: CARMICHAEL, W. W. (ed.). **The Water Environment Algal Toxins and Health.** Wright State University. Dayton, Ohio. New York and London. Plenum Press. p.447-464. 1981.

KIRVIRANTA, J.; SIVONEN, K.; LATHI, K.; LUUKKAINEN, R.; HELSINKI, S.I.N. Production and biodegradation of cyanobacterial toxins –a laboratory study. **Arch Hydrobiol.,** v.121 n.3 p. 281-294. 1991.

KUIPER-GOODMAN, T.; FALCONER, I.; FITZGERARD, J. Human Health Aspects. In: CHORUS, I. & BARTRAM, J. (eds). **Toxic Cyanobacteria in Water: A Guide to their Public Health – Consequences, Monitoring and Management.** Londres: E. & F.N. Spon. p. 113-141. 1999.

LARCHER, W. **Ecofisiogia Vegetal.** São Carlos, Rima. 531 p. 2000.

HUMPAGE, A.R.; FALCONER, I.R. Microcystin-LR and liver tumor promotion: effects on cytokinesis, ploidy, and apoptosis in cultured hepatocytes. **Environ Toxicol** v.14 n.1 p.61-75. 1999.

MAGALHÃES, V.F.; OLIVEIRA, A.C., MARINHO, M.M.; DOMINGOS, P.; COSTA, S.M.; AZEVEDO, S.M.F.O. Bioacumulação de microcistinas (hepatotoxinas de cianobactérias) em pescado da Baía de Sepetiba (RJ). **Anais da VII Reunião de Ficologia**, Porto de Galinhas, PE. 166p 1999.

MAHAMOOD, N.A.; CARMICHAEL, W.W. Paralytic shellfish poisons produced by the freshwater cyanobacterium Anabaena flos-aquae NH-5. **Toxicon,** v. 24. p.175-186. 1986.

MATSUNAGA, S.; MOORE, R.E.; NIEMSZURA, W.P. Anatoxin-a(S), a potent anticholinesterase from Anabaena flos-aquae. **J. Am. Chem. Soc.,** v.111 p.8021-8023. 1989.

NOBRE, M.M.Z. de A. **Detecção de toxinas (microcistinas) produzidas por cianobactérias (algas azuis) em represas para abastecimento público, pelo método de imunoadsorção ligado à enzima (ELISA) e identificação química**. Tese (doutorado) - Universidade de São Paulo. Faculdade de Ciências Farmacêuticas. Programa de Pós-Graduação em Toxicologia. São Paulo. 154 p. 1997.

NORMAS TÉCNICAS CETESB L5.025. **Água – Teste para Avaliação da Toxicidade Aguda de Cianofíceas (Algas Azuis).** Governo do Estado de São Paulo. Secretaria de Estado do Meio Ambiente. CETESB – Companhia de Tecnologia de Saneamento Ambiental. 12p. 1993.

PADISÁK, J. Cylindrospermopsis raciborskii (Woloszynnska) Seenayya et Subba Raju in expanding, highly adaptive cyanobacterium: worldwide distribution and review of its ecology. **Arch für Hidrobiology,** v.107 p.563-593. 1997.

PÁDUA, H.B. Cianotoxinas e outras intrigantes ocorrências em criações de organismos aquáticos. Artigo 23ª Procuradoria de Justiça Criminal de Goiás. **Caderno Doutrina Ambiental**. 17p. 2002.

PAERL, H.W.; FULTON, R.S.; MOISNDER, P.H.; DYBLE, J. Harmful freshwater algal blooms, with an emphasis on cyanobacteria. **The Scientific World**. v.1 p.76-113. 2001.

PELCZAR Jr., J.M.; CHAN, E.C.S.; KRIEG, N.R. **Microbiologia: conceitos e aplicações, vol. I,** 2ª ed. São Paulo. MAKRON Books. 524 p. 1996.

PINHO, G.L.L.; MOURA DA ROSA, C.; YUNES, J.S.; LUQUET, C.M.; BIANCHINI, A.; MONSERRAT, J.M. Toxic effects of microcystins in the hepatopancreas of estuarine crab Chasmagnathus granulatus (Decapoda, Graspsidae). **Comparative Biochemistry and Physiolog., Part C,** v.135 p.459-468. 2003.

PORTER, K.G. Selective grazing and differential digestion of algae by zooplankton. **Nature,** v.244 p.179-180. 1973.

PROENÇA, L.A. **Avaliação do impacto de florações nocivas no Brasil. IV Encontro do Grupo de Trabalho Regional sobre Florações de Algas Nocivas na América do Sul – (IOC-FANSA).** Rio Grande – RS. 6p. 2000.

RIBEIRO, M.A.G.; KUBO, E.; MAINARDES-PINTO, C.S.R. Efeito do adubo orgânico e da dosagem do fertilizante químico no aumento do fitoplâncton e do zooplâncton. **B. Inst. Pesca,** v.24 p.57-64. 1997.

ROSET. J.; AGUAYO, S.; MUÑOZ, M.J. Detéccion de cianobacterias y toxinas. Una revisión. **Rev. Toxicología,** v.18 p.65-71. 2001.

SALOMON, P.S.; YUNES, J.S.; PARISE, M.; COUSIN, J.C.B. Toxicidade de um extrato de Microcystis aeruginosa da Lagoa dos Patos sobre camundongos e suas alterações hepáticas. **Vitalle, Rio Grande,** v. 8 p.23-32. 1996.

SALOMON, P.S.; YUNES, J.S.; MATTHIENSEN, A; CODD, G.A. Does salinity affect the toxin content of an estuary strain of Microcystis aeruginosa. Mycotoxins and Phycotoxins in **Perspective at the Turn the Millennium** p.537-548. 2001.

SERRES,-M.H.; FLADMARK,-K.E.; DOESKELAND,-S.O. An ultrasensitive competitive binding assay for the detection of toxins affecting protein phosphatases. **Toxicon** v.38 n.3 p.347-360. 2000.

SINGH, D.P.; TYAGI, M.B.; KUMAR, A.; THAKUR, J.K.; KUMAR, A. Antialgal activity of a hepatotoxin-producing cyanobacterium, Microcystis aeruginosa. **World. J. Microbiol. Biotechnol** v. 17 n.1 p.15-22. 2001.

SIVONEN, K.; JONES, G. Cyanobacterial toxins. In: CHORUS, I. & BARTRAM, J. (eds). **Toxic Cyanobacteria in Water: A Guide to their Public Health – Consequences, Monitoring and Management.** Londres. E. & F.N. Spon: p.42-111. 1999.

STEVENS, D.K.; KRIEGER, R.I. Stability studies on the cyanobacterial nicotinic alkaloid anatoxin-a. **Toxicon,** v.29 p.167-179. 1991.

TALAMONI, J.L.B. **Estudo Comparativo das Comunidades Planctônicas de Lagos de Diferentes Graus de Trofia e uma Análise do Efeito de Microscystis aeruginosa (Cyanophyceae) Sobre Algumas Espécies de Microcrustáceos.** Tese de Doutorado-Universidade Federal de São Carlos, São Carlos.305p. 1995.

TRABULSI, L.R; ALTERTHUM, F.; CANDEIAS, J.A.N.; GOMPERTZ, O.F. **Microbiologia.** 3.ed. Saõ Paulo: Editora Atheneu. 193p 1999.

TSUJI, K.; NAITO, S.; KONDO, F.; ISHIKAWA, N.; WATANABE, M.F.; SUZUKI, M.E HARADA, K-I. Stability of microcystins from cyanobacteria: effect of light on decomposition and isomerization. **Environmental Science and Tecnology,** v.28 p.173-177. 1993.

TUCCI, A.; SANT'ANNA, C.L. Cilindrospermopsis raciborskii (Woloszynska) Seenayya & Subba Raju (Cyanobacteria): variação semanal e relações com fatores ambientais em um reservatório eutrófico, São Paulo, SP, Brasil. **Revista Brasileira de Botânica,** v.26 n.1 16p. 2003.

TAKENAKA, S. Effects of L-cysteine and reduced glutathione on the toxicities of microcystin LR: the effect for acute liver failure and inhibition of protein phosphatase 2A activity. **Aquat Toxicol** v.48 n.1 p.65 – 68. 2000.

UENO, Y.; MAKITA, Y.; NAGATA, S.; TSUTSUMI, T.; YOSHIDA, F.; TAMURA, S. I.; SEKIJIMA, M.; TASHIRO, F.; HARADA, T.; YOSHIDA, T. No chronic oral toxicity of a low dose of microcystin-LR, a cyanobacterial hepatotoxin, in female BALB/c mice. **Environ Toxicol.** V.14 n.1 p.45-55. 1999,

WHITTON, B.A.; POTTS, M. **The Ecology Cyanobacteria: Their Diversity in Time and Space.** Kluwer Academic Publishers. The Netherlands. 669p. 2000.

YOO, R.S.; CARMICHAEL, W.W.; HOEHN, R.C.; HRUDEY, S.E. **Cyanobacterial (Blue-Green Algal) Toxins: A Resource Guide. American Water Works Association** - Research Foundation, U.S.A. 229p. 1995.

ZAGATTO, P.A.; ARAGÃO, M.A. **Manual de orientação em casos de florações de algas tóxicas: um problema ambiental e de saúde pública.** São Paulo. Série Manuais, 14- Cetesb. 20p. 1997.

ZAGATTO, P. A. Toxinas de algas: Riscos à Saúde Pública. **Revista Gerenciamento Ambiental.** V.3 n.17. São Paulo. 4p. Nov/Dez. 2001.

3

Análises Qualitativa e
Quantitativa da Biomassa

Definição dos pontos de amostragem

A distribuição do fitoplâncton em ambientes aquáticos continentais não é homogênea e, sim, heterogênea e descontínua. As comunidades fitoplanctônicas variam tanto no espaço (horizontal e verticalmente) quanto no tempo.

Na escala espacial horizontal, a vazão, a hidrodinâmica, a morfometria do corpo de água e os fatores climáticos, como direção e intensidade do vento, são significativos na distribuição das populações planctônicas.

Verticalmente, a penetração da luz e, conseqüentemente, a profundidade da zona eufótica e os processos de estratificação e mistura influenciam grandemente a posição da comunidade na coluna de água.

A variabilidade temporal da comunidade também é grande. A comunidade fitoplanctônica se desenvolve em escalas temporais curtas. O tempo de geração (período de tempo para a população duplicar a densidade) dos organismos fitoplanctônicos é muito curto, sendo que para algumas cianobactérias pode chegar a 24 horas.

Conseqüentemente, é esperado que mudanças na composição e na estrutura da comunidade fitoplanctônica ocorram em intervalos de tempo de alguns dias.

Amostragens mensais ou sazonais são significativas se o interesse é conhecer padrões gerais de distribuição temporal e relacioná-los a padrões sazonais de variação do ambiente, principalmente quando realizadas ao longo de um grande período. Porém, o pesquisador tem de considerar que muita informação é perdida nos intervalos entre as coletas.

A variabilidade em pequena escala é maior quanto maior a velocidade de mudança dos fatores ambientais. Em ecossistemas tropicais polimíticos, como muitos ecossistemas aquáticos brasileiros, as constantes variações entre períodos de estratificação e mistura da coluna de água aumentam a incerteza e, conseqüentemente, dificultam a previsão da composição da comunidade.

Se o interesse do pesquisador é conhecer processos de funcionamento da comunidade e relacionar quais fatores ambientais a afetam diretamente é importante diminuir as escalas de observação para diárias ou semanais.

Nos vários trabalhos em que a comunidade fitoplanctônica é o principal objeto de estudo, quatro estratégias são utilizadas em função dos objetivos propostos e da morfometria do sistema:

✓ Para conhecer a variação anual da comunidade: amostragens mensais em um único ponto permitem caracterizar a comunidade e indicar algumas condições ambientais que estão relacionadas a determinada composição da comunidade. Muitas vezes é difícil fazer relações de causa e efeito, pois os fatores ambientais e a comunidade podem estar num processo de transição. Este tipo de amostragem funciona bem para determinar, por exemplo, o efeito da eutrofização na composição da comunidade, porém, a escala de observação deve ser aumentada para poder identificar padrões interanuais.

✓ Para conhecer e caracterizar a biodiversidade da comunidade fito-planctônica escolhe-se um maior número de pontos na tentativa de amostrar os diversos subsistemas ou compartimentos do ambiente aquático; nestes casos, a escala temporal fica restrita em amostragens aos picos de variabilidade sazonal, épocas de chuva e seca.

✓ Em trabalhos que visam ao monitoramento de uma fonte de alteração ou impacto, os pontos de amostragem podem ser distribuídos por meio de um gradiente de influência da fonte. Nestes casos, a escala temporal de amostragem é muito variável, porém, normalmente ocorre em larga escala, mensal ou sazonal.

✓ Para conhecer as relações de causa e efeito entre a variação da comunidade e seus processos (produtividade primária, taxas de crescimento, com-petição) com fatores ambientais utilizam-se preferencialmente amostragens em curtos períodos de tempo, horas, dias e semanas. Nestes casos, a escala espacial é menos explorada, reduzindo, na maioria dos trabalhos, a um ou dois pontos de amostragem.

AMOSTRAGEM E PRESERVAÇÃO

A amostragem de organismos fitoplanctônicos em sistemas aquáticos, em profundidades predeterminadas, deve ser feita com a garrafa de "Van Dorn". Redes de plâncton não são recomendadas para análises quantitativas do fitoplâncton, pois, dependendo do grau de trofia do sistema, grande porcentagem das espécies é menor que as dimensões das malhas mais finas. Somente são recomendados para complementação da análise qualitativa: utilização de rede de plâncton com abertura de malha de 20 µm e através do arrasto horizontal e vertical.

As espécies fitoplanctônicas devem ser examinadas, preferencialmente, enquanto vivas (principalmente as mais delicadas), como é o caso das algas flageladas. Os organismos podem ser mantidos por várias horas, sem deterioração, quando resfriados a 4°C.

No caso de um tempo maior entre a coleta e a análise das amostras, estas devem ser fixadas.

Há várias formas de conservação das amostras, porém, na maioria dos casos utiliza-se formol ou solução de lugol.

O lugol é o mais indicado para amostras destinadas à contagem de cianobactérias. O formol conserva amostras em longo prazo e mantém a cor original das células, porém, sendo o formol muito tóxico, ele é menos recomendável quando é necessária grande manipulação de amostras, como no processo de contagem.

De acordo com Wetzel & Likens (1991), as amostras podem ser preservadas em solução de 0,5% a 2% de formalina, embora o formaldeído tenda a causar ruptura, deformação e encolhimento de algumas espécies. Essa solução é conhecida como *Transeau* ou *"6-3-1"* (seis partes de água, três partes de álcool etílico 95% e uma parte de formalina). A proporção deverá ser feita na razão 1:1 (1 parte da solução para 1 parte da amostra). A Norma Técnica da Cetesb L5.303 (1991) recomenda que as amostras, para serem estocadas por mais de um ano, devem ser preservadas com formaldeído 40% neutralizado com $NaHCO_3$, 50 ml.L^{-1}, a uma concentração final de 4%.

O lugol acético [10 g de iodo, 20 g de KI (iodeto de potássio), 200 ml de água destilada com 20 g de ácido acético] é, na maioria dos casos, o mais indicado na preservação de amostras, pois promove também a coloração das células. A absorção do iodo da solução de lugol pelas células promove a fixação. Costuma-se adicionar à solução de lugol uma pequena quantidade de glicerol, que tem por função prevenir o dessecamento dos organismos (Wetzel & Likens, 1991).

Tanto no caso do formol como do lugol, as amostras devem ser estocadas no escuro, em local fresco, de preferência em frascos âmbar. Tanto formol quanto lugol gradualmente evaporam e devem ser renovados se a amostra for armazenada por vários meses.

Segundo Montagnes *et al.* (1994), o lugol também pode causar encolhimento das células fitoplanctônicas, principalmente dos grupos mais delicados, em cerca de 25%; diatomáceas e grupos com carapaça são menos afetados.

ANÁLISE QUALITATIVA DO FITOPLÂNCTON

A análise qualitativa é realizada em microscópio óptico binocular, com câmara clara, e ocular de medição. Dispositivo de epifluorescência e câmara fotográfica acoplados ao sistema óptico do microscópio são importantes, porém não essenciais. Utilizam-se, também, substâncias acessórias para evidenciar determinadas estruturas características do gênero ou espécie.

Os organismos são identificados analisando-se as características citomorfológicas, estruturais e morfométricas, tendo por base bibliografia especializada.

As características taxonômicas mais importantes para a identificação e classificação de cianobactérias são:

1. tamanho e formato das células;
2. tamanho, forma e grau de agregação nos agrupamentos (colônias);
3. tamanho e forma dos tricomas;
4. presença de ceptos;
5. presença e textura da mucilagem;
6. presença de vacúolos gasosos;
7. presença, número e posição de heterocitos e acinetos.

Para a evidenciação da bainha de mucilagem pode-se utilizar nanquim.

Há várias bibliografias importantes e específicas para cada grupo, porém, por sua abrangência e atualidade, os livros publicados por Komárek e Anagnostidis (Komárek & Anagnostidis, 1989, 1999; Komárek, 1986; Anagnostidis & Komárek, 1988, 1990) são muito indicados.

O livro de Bicudo & Menezes (2005) é um ótimo manual para facilitar a identificação dos gêneros de algas fitoplanctônicas, não só cianobactérias. O manual de Sant'Anna *et al.* (2006) também representa grande apoio para contagem e identificação de cianobactérias planctônicas brasileiras.

ANÁLISE QUANTITATIVA DO FITOPLÂNCTON

Para a contagem de células e organismos fitoplanctônicos podem ser utilizadas diversas câmaras, como: Sedgwick-Rafter (S-R), Palmer Maloney (P-M) e Petroff-Hausser (P-H), todas para uso em microscópios compostos comuns, e Utermöhl, para uso em microscópio invertido.

Sedgwick-Rafter (S-R) (Figura 3.1) é uma lâmina capaz de conter 1 ml de amostra, na forma de pequena cuba de vidro, com 5 cm de comprimento, 2 cm de largura e 1 mm de altura. Ela é usada para a contagem do plâncton por ser facilmente manipulada e permitir a obtenção de dados razoavelmente reproduzíveis, quando usada com microscópio calibrado, equipado com visor de dispositivo de medida (APHA, 1998). Wetzel & Likens (1991) reportam que os organismos fitoplanctônicos, quando preservados em solução de lugol, sedimentam rapidamente (15 minutos) na câmara de S-R.

A câmara de S-R não permite alto poder de alcance ao microscópio, portanto, a identificação de organismos menores que 10 a 15 µm é difícil. Dessa maneira, o uso da S-R para células planctônicas é limitado ao exame de formas maiores de populações densas, podendo ser usada para enumeração e avaliação de tamanho em formas fitoplanctônicas maiores.

Figura 3.1   Câmara de Sedgwick-Rafter (Phycotech Inc., 2005).

Palmer-Maloney (P-M) (Figura 3.2) é uma câmara de método intermediário de ampliação (abaixo de 500x), com capacidade de cerca de 0,1 ml, sendo especificamente indicada para enumeração de fitoplâncton (APHA, 1998). Possui pouca profundidade, permitindo o uso de objetivas de 40 a 45x. A principal desvantagem da lâmina P-M é que essas ampliações, freqüentemente, são insuficientes para identificação e enumeração do nanoplâncton (Wetzel & Likens, 1991).

Figura 3.2 Câmara de Palmer-Maloney (Wildco, 2006).

Petroff-Hausser (P-H), câmara de método de alta ampliação: o exame de fitoplâncton de alta ampliação requer o uso de óleo de imersão (Wetzel & Likens, 1991). A câmara de P-H é indicada para contagem de organismos, como bactérias, com campos de 10, 20 ou 40 μm. É semelhante à câmara de Neubauer para contagem de células sangüíneas, porém com um único platô (Figura 3.3).

Figura 3.3 Câmara Petroff-Hausser (Wildco, 2006).

Utermöhl (Figura 3.4): câmara em que se utiliza o método de sedimentação e observação em microscópio invertido, desenvolvido por Utermöhl (1958); é o método mais amplamente aceito. A contagem das espécies é realizada em microscópio invertido, em aumento de 400x. A enumeração dos organismos em campos aleatórios produz estimativas mais próximas à população estatística, minimizando os efeitos da distribuição não aleatória dos organismos no fundo da câmara, decorrente de sua forma cilíndrica (Uehlinger, 1964; Huszar & Giani, 2004).

Figura 3.4 Câmaras de sedimentação de vários volumes (Phycotech Inc., 2005).

A contagem dos campos pode ser feita a partir de transectos horizontais e verticais, e o limite da contagem, ou seja, o número mínimo de campos contados por câmara de sedimentação, pode ser determinado por dois critérios:

✓ Gráfico de estabilização do número de espécies, que é obtido a partir de espécies novas adicionadas ao número de campos contados.

✓ Gráfico de espécies mais abundantes, obtido pela contagem de até 100 indivíduos da espécie mais comum.

Recomenda-se, sempre que possível, a enumeração de 400 indivíduos da espécie mais freqüente, a fim de obter precisão de mais ou menos 10% para intervalo de confiança de 95% (Lund *et al.*, 1958). As condições em que isso é possível, no entanto, limitam-se aos períodos de altas densidades populacionais, como, por exemplo, os períodos de florações. Por isso, segundo Huszar & Giane (2004), tem sido amplamente utilizada, sobretudo em sistemas rasos e túrbidos, a enumeração de 100 indivíduos da espécie dominante ou 100 campos, o que significa precisão de mais ou menos 20% (p < 0,05; Lund *et al.*, 1958).

Para cianobactérias, Wetzel & Likens (1991) afirmam que, quando pequena concentração de lugol é adicionada, os pseudovacúolos gasosos podem não ser esvaziados e a sedimentação não é total. Assim, para assegurar a completa sedimentação dos organismos, o tempo de sedimentação deve ser pelo menos três vezes a altura da câmara de sedimentação, em centímetros, e a câmara deve ser colocada em superfície plana, livre de vibrações.

Pode-se adicionar algumas gotas de detergente neutro para reduzir a tensão superficial da água e melhorar a sedimentação.

Os volumes das câmaras de sedimentação utilizadas no Método de Utermöhl (1958) são: 1, 2, 5, 10, 25, 50 e 100 ml, variando com a densidade dos organismos da amostra. Os resultados são expressos em densidade (cel.ml^{-1}) e calculados de acordo com a fórmula descrita em Weber (1973):

$$org.mL^{-1} = \frac{n}{s \times c} \times \frac{1}{h} \times F$$

em que:

n = número de indivíduos efetivamente contados;

s = área do campo em mm^2 no aumento de 40x;

c = número de campos contados;

h = altura da câmara de sedimentação em mm;

F = fator de correção para mililitro (10^3 mm^3/1 ml).

O microscópio invertido é muito utilizado para contagem de organismos fitoplanctônicos. Ele permite a observação através do fundo da câmara, com uso de campo claro, escuro, contraste de fase ou fluorescência (Wetzel & Likens, 1991).

A contagem das células e organismos fitoplanctônicos em câmara de sedimentação pelo método de Uthermohl é a mais indicada e a mais utilizada na grande maioria dos trabalhos publicados, pois esse método apresenta melhor reprodução, além de permitir a contagem de organismos do nanoplâncton.

DETERMINAÇÕES DA BIOMASSA

Tamanho e volume celular

Análises detalhadas de populações fitoplanctônicas requerem estimativa da densidade e da abundância relativa. A metodologia mais comum é a contagem de células, entretanto, esse procedimento é impraticável no caso de muitas colônias com grande quantidade de células. Dessa forma, quando colônias são contadas, é necessário determinar um número médio de células por colônia. Em espécies filamentosas, o comprimento médio do filamento deve ser determinado (Wetzel & Likens, 1991).

O número de células freqüentemente não representa a verdadeira biomassa, por causa da considerável variação de forma e tamanho entre as espécies; essa diferença pode ser avaliada multiplicando-se o número de células de cada espécie pelo volume médio das células.

O biovolume, geralmente, é calculado para estimar a abundância relativa (em termos de biomassa ou carbono) da co-ocorrência de organismos que variam quanto à forma ou tamanho.

Outras formas de avaliação da biomassa fitoplanctônica incluem carbono orgânico, ATP ou clorofila, porém, estes parâmetros, além de variar em função de condições ambientais (luz, nutrientes) e condições fisiológicas, não permitem diferenciar a contribuição de diferentes grupos taxonômicos e não podem ser usados para comparar espécies diferentes, por exemplo, em amostras naturais, ou as mesmas espécies sob condições ambientais diferentes.

O biovolume pode ser usado para conversão de contagem de célula em unidades de carbono em estudos de fluxos de matéria orgânica em comunidades aquáticas.

O biovolume é estimado pelo conhecimento das dimensões celulares. A seleção de formas geométricas equivalentes requer cuidado, pois alguns gêneros apresentam complexidade de formas (dinoflagelados, algumas diatomáceas e desmidiáceas). Hillebrand *et al.* (1999) fornecem uma série de formas geométricas e equações matemáticas para o cálculo do biovolume (Anexo 1). O ideal é que as formas e equações sejam aplicadas a células individuais, mesmo que a espécie seja colonial ou filamentosa. Mas, em alguns casos, é difícil identificar as células, como, por exemplo, em algumas cianobactérias filamentosas. Nesses casos, a forma pode ser aplicada à colônia ou filamento inteiro. Sempre que possível, recomenda-se considerar as dimensões médias de, pelo menos, 30 indivíduos.

O cálculo do biovolume a partir das medidas das dimensões lineares é a metodologia mais recomendada, pois: oferece alta resolução taxonômica, não exige grandes gastos, é simples de ser aplicada e apresenta pouco erro, que, freqüentemente, está sob controle do pesquisador. A inconsistência no cálculo do biovolume pode ser reduzida com a utilização dos modelos matemáticos.

As formas geométricas usadas para determinação do biovolume devem ser o mais próximo possível da forma real do organismo, mas ao mesmo tempo facilmente discernível e convenientemente mensurável durante análises rotineiras. Discrepâncias são freqüentes entre esses dois contrastes. Em tais casos, as dimensões disponíveis, a abundância, a importância das espécies e a questão a ser respondida devem ser levadas em consideração.

Peso fresco

As densidades de indivíduos de populações de espécies fitoplanctônicas, multiplicadas pelos seus respectivos volumes, fornecem o peso; já a contribuição de espécies individuais é obtida pelo tamanho das mesmas. Os valores podem ser convertidos a peso de biomassa fresca, multiplicando-se o número de células da população pelo volume celular (Wetzel & Likens, 1991).

A medida de peso seco de populações fitoplanctônicas não é prática, pois não existe nenhum método razoável para separar organismos de detritos particulados na água. Além disso, secagem por calor resulta em perda de constituintes orgânicos particulados voláteis (Wetzel & Likens, 1991).

Carbono orgânico

A estimativa do conteúdo de carbono orgânico dos organismos fitoplanctônicos pode ser determinada pela relação do carbono celular com o volume da célula. Uma relação do carbono orgânico por volume celular (em $\mu m^3.L^{-1}$) de 0,10 tem sido constante em numerosos organismos (Wetzel & Likens, 1991). O resultado do conteúdo de carbono costuma ser expresso em picogramas (pg C μm^3).

O cálculo do conteúdo de carbono fitoplanctônico (mgC.ml^{-1}) pode ser feito utilizando-se a equação proposta por Rocha & Duncan (1985):

$$C = a \times V^b$$

em que:
C = carbono celular;
V = volume celular;
a (constante) = 0,1204;
b (constante) = 1,051.

Clorofila-a

A determinação da clorofila-a é um dos métodos mais utilizados para determinar a biomassa fitoplanctônica em trabalhos nacionais e internacionais.

A concentração de clorofila-a é uma das variáveis mais utilizadas em limnologia para determinar a biomassa da comunidade fitoplanctônica, para caracterizar ambientes, em trabalhos de pesquisa experimentais e em programas de monitoramento com a finalidade de manejo de ecossistemas aquáticos (Dos Santos *et al.*, 2003).

Para determinar as concentrações de clorofila-a e feofitina, as amostras são filtradas a vácuo, com pressão inferior a 0,3 atm, em membranas com 0,45 μm de porosidade (Millipore HÁ) ou em filtros de fibra de vidro Wathmann GF/C (com tamanho de poro entre 0,5 e 0,7 μm). Os filtros podem ser conservados no freezer (–20° a –60ºC), por período máximo de 20 dias, até o momento da extração. O volume filtrado dependerá da concentração de fitoplâncton e, portanto, do grau de trofia do ambiente, e normalmente varia entre 200 e 2.000 ml.

No laboratório, a extração pode ser feita utilizando-se três solventes:

Acetona: a extração é feita por maceração em almofariz, utilizando-se como solvente acetona 90% a frio, sob baixa iluminação e em temperatura ambiente, seguida de centrifugação, durante 5 minutos, à velocidade de 4.000 rpm. Se disponível, utilizar centrífuga refrigerada (a 5°C). A leitura das absorbâncias dos extratos a 665 e 750 nm, em espectrofotômetro, deve seguir a metodologia descrita em APHA (1995). Para acidificação do extrato e determinação da feofitina, adiciona-se 0,05 ml de HCL 0,1 N para 1 ml de extrato. Após 2 minutos, realizam-se leituras no espectrofotômetro, nos mesmos comprimentos de onda utilizados inicialmente.

Para o cálculo das concentrações de clorofila-a e de feofitina são utilizadas as fórmulas descritas em Arar (1997), com modificações no coeficiente de absorção específico da clorofila-a baseadas em Lorenzen (1967), representadas a seguir:

$$\text{Cloro} = 26,7 \times \left[\left(Eu_{665} - Eu_{750} \right) - \left(Ea_{665} - Ea_{750} \right) \right] \times \frac{v}{V \times s}$$

$$\text{Feof} = 26,7 \times \left\{ \left[1,7 \times \left(Ea_{665} - Ea_{750} \right) \right] - \left(Eu_{665} - Eu_{750} \right) \right\} \times \frac{v}{V \times s}$$

sendo:

Cloro = clorofila-a em $\mu g.L^{-1}$;
Feof = feofitina em $\mu g.L^{-1}$;
Eu = absorbância da amostra não acidificada;
Ea = absorbância da amostra acidificada;
v = volume do extrato (ml);
V = volume da amostra filtrada (L);
s = espessura da cubeta (cm);
26,7 = coeficiente de absorção específico da clorofila-a em solução aquosa de acetona 90%;
1,7 = razão de rendimento da clorofila-a não acidificada para acidificada.

Embora a utilização da acetona como solvente subestime as concentrações de clorofila, ela tem sido recomendada quando há predomínio de diatomáceas no sistema e em programas de monitoramento, principalmente quando a comunidade fito-planctônica não é conhecida, pois apresenta a mesma eficiência de extração para todos os grupos fitoplanctônicos. Outra vantagem da utilização da acetona como solvente é a menor turvação dos extratos após acidificação. A eficiência da extração com acetona diminui quando predominam no ambiente clorofíceas e cianobactérias.

Etanol: a técnica de extração com etanol 80% a quente está descrita em uma norma holandesa (Nederlandse Norm, 1981), com base em Nush & Palme (1975), Moed & Hallegraeff (1978) e Nush (1980). Após 5 minutos em banho-maria a 75°C, os tubos de ensaio, contendo os filtros e o etanol, são resfriados e deixados em repouso por aproximadamente 15 horas no escuro. Posteriormente, o extrato é quantificado nos comprimentos de onda de 665 e 750 nm. Para acidificação do extrato e determinação da feofitina, adiciona-se 0,05 ml de HCl 0,4 N para 8-10 ml de extrato, estabelecendo o pH em torno de 2,6 a 2,8. Após 5 minutos é feita nova leitura no espectrofotômetro, nos mesmos comprimentos de onda descritos anteriormente.

As fórmulas utilizadas para o cálculo das concentrações de clorofila-a e de feofitina são descritas em Nush (1980), com modificações no coeficiente de absorção específica da clorofila-a, com base em Marker *et al.* (1980).

$$Cloro = 27,9 \times \left[\left(Eu_{665} - Eu_{750} \right) - \left(Ea_{665} - Ea_{750} \right) \right] \times \frac{v}{V \times s}$$

$$Feof = 27,9 \times \left\{ \left[1,7 \times \left(Ea_{665} - Ea_{750} \right) \right] - \left(Eu_{665} - Eu_{750} \right) \right\} \times \frac{v}{V \times s}$$

em que:

Cloro = clorofila-a em $\mu g.L^{-1}$;

Feof = feofitina em $\mu g.L^{-1}$;

Eu = absorbância da amostra não acidificada;

Ea = absorbância da amostra acidificada;

V = volume da amostra filtrada (L);

v = volume do extrato (ml);

s = espessura da cubeta (cm);

27,9 = coeficiente de absorção específico da clorofila-a em solução aquosa de etanol 80%;

1,7 = razão de rendimento da clorofila-a não acidificada para acidificada.

A eficiência da extrãão com álcool é superior à da acetona para clorofíceas e cianobactérias e é a mesma para diatomáceas. Essa técnica é a mais demorada e tem a desvantagem de turvar o extrato acidificado, quando não executada com o rigor necessário.

Metanol: nesta técnica, a extração é feita utilizando-se como solvente 7 ml de metanol 100%, sob baixa iluminação. Após 3 horas, a 4°C e no escuro, as amostras são centrifugadas por 15 minutos a 4.000 rpm. Posteriormente, a absorbância do extrato é lida a 665 e 750 nm. A acidificação é feita com 7 µL de HCl 0,3 M para obter pH em torno de 2,6 a 2,8. Os cálculos das concentrações seguem as recomendações descritas para o etanol, com o coeficiente de absorção específico da clorofila-a em metanol absoluto de 31,2 (Marker *et al.*, 1980).

Se comparada à extração com etanol, a extração com metanol é menos trabalhosa e permite o processamento de maior número de amostras em menor tempo, sem risco de mudanças espectrais ou químicas na clorofila-a. Embora a clorofila seja facilmente oxidada em metanol, as vantagens adicionais não são importantes para os procedimentos de extração rotineiros. Além de o metanol ser muito tóxico, ele aumenta os produtos da degradação da clorofila, e a turvação do extrato após a acidificação é freqüente.

Considerando que a eficiência de extração varia com a concentração celular, conteúdo de clorofila e composição de espécies, parece não haver consenso a respeito do melhor solvente a ser utilizado. Mas vale ressaltar que etanol e metanol são igualmente eficientes e superam a eficiência de extração pela acetona. Em razão da freqüente turvação do extrato quando o álcool é usado como solvente, dependendo dos objetivos da pesquisa, recomenda-se que os resultados sejam apresentados em concentrações de pigmentos totais, colocando-se à parte a necessidade da acidificação.

O principal interferente na análise de clorofila por espectrofotometria é a sobreposição das bandas de absorção entre clorofila-a, clorofila-b e c e seus produtos de degradação, como clorofilide e feofitina, principalmente em amostras ambientais com maior diversidade (Dos Santos *et al.*, 2003). Fórmulas para o cálculo de outras formas de clorofila (b e c) podem ser utilizadas, porém, é necessária a leitura em comprimentos de ondas adicionais e não se aplicam a todos os métodos de extração (Jeffrey & Humphrey, 1975).

As concentrações de clorofila podem ser, também, estimadas por fluorimetria e cromatografia líquida de alta eficiência (HPLC). A escolha do método mais apropriado leva em consideração diversos fatores: a) exatidão da análise, b) facilidades de aplicação (infra-estrutura e aspectos financeiros), c) comparação com resultados de outros trabalhos e d) adequação aos objetivos da pesquisa.

O método mais preciso para determinação da clorofila-a é o da cromatografia (HPLC), porém, o custo e o tempo de análise dificultam a adoção dessa metodologia em análises rotineiras. Como a cromatografia separa os diversos pigmentos da amostra, é possível determinar as concentrações de pigmentos acessórios e produtos de degradação. É o método recomendável em estudos fisiológicos da comunidade fitoplanctônica.

A determinação de clorofila por fluorimetria é considerada a mais sensível e a única que pode ser feita com amostras vivas, porém, sofre interferência de outros pigmentos e produtos de degradação e substâncias húmicas (que podem fluorescer nos mesmos comprimentos de onda da clorofila).

A fluorimetria pode ser mais indicada em duas situações: a) quando o tempo de análise é limitante para o cumprimento dos objetivos da pesquisa, como no caso de monitoramento de efluentes ou estudos simultâneos em larga escala e em estudos hidrodinâmicos; b) quando a medida da clorofila é um dado comparativo em amostras unialgais, como em medidas de crescimento algal para testes ecotoxicológicos.

BIBLIOGRAFIA RECOMENDADA

ANAGNOSTIDIS, K.; KOMÁREK, J. Modern approach to the classification system of Cyanophytes. 3-Oscillatoriales. **Arch. Hydrobiol. Suppl** v.80 n.1-4 p.327-472. 1988.

ANAGNOSTIDIS, K.; KOMÁREK, J. Modern approach to the classification system of Cyanophytes. 5-Stigonematales. **Algological Studies** v.59 p.1-73. 1990.

APHA - American Public Health Association **Standard Methods for the examination of water and wastewater.** 20th ed. Washington: American Public Health Association, American Water Works Association. 1099p 1998.

ARAR, E.J. Determination of Chorophyll a, b, c1 and c2, and Pheophytin in marine and freshwater phytoplankton by spectrophotometry. **EPA method 446.0.** EPA. 1997.

BICUDO, C.E.M. & MENEZES, M. **Gêneros de algas de águas continentais do Brasil. Chave para identificação e descrições.** Ed. Rima. 2005.

CALIJURI, M. C. Curvas de luz-fotossíntese e fatores ecológicos em ecossistema artificial e estratificado – Represa do Broa (Lobo), São Carlos, S.P. Dissertação de Mestrado. PPG em Ecologia e Recursos Naturais, DCB-UFSCAR, São Carlos. 280p. 1985.

CALIJURI, M. C. **Respostas fisioecológicas da comunidade fitoplanctônica e fatores ecológicos em ecossistemas com diferentes estágios de eutrofização.** Tese de Doutorado: PPG em Hidráulica e Saneamento, EESC-USP, São Carlos. 239p. 1988.

CALIJURI, M. C. **A comunidade fitoplanctônica em um Reservatório Tropical (Barra Bonita, SP).** Tese de Livre-Docência. Departamento de Hidráulica e Saneamento, EESC-USP. São Carlos. 211p. 1999.

DOS SANTOS, A. C. A.; CALIJURI, M. C.; MORAES, E. E.; ADORNO, M. T.; FALCO, P. B. de; CARVALHO, D. P.; DEBERDT, G. L. B.; BENASSI, S. F. Comparison of three methods for chlorophyll determination: spectrophotometry and flurimetry in samples containing pigment mixturesand spectrophotometry in samples with separete pigments through high performance liquid chromatography. **Acta Limnologica Brasiliensis,** v. 15, n. 3, p. 7-18, 2003.

HILLEBRAND, H.; DURSELEN, C.D.; KIRSCHTEL, D., POLLINGER, U. e ZOHARY, T. Biovolume calculation for pelgic and benthic microalgae. **J. Phycol.** V.35 p.403–424. 1999.

HUSZAR, V.L. de M.; GIANI, A. Amostragem da comunidade fitoplanctônica em águas continentais: reconhecimento de padrões espaciais e temporais. In: Bicudo, C. E. de M. & Bicudo, D. de C. (eds) - **Amostragem em Limnologia.** Rima Editora, São Carlos, SP p.133 -148. 2004.

JEFFREY, S.W.; HUMPHREY, G.F.New spectrofotometric equations for the determining of Chlorophylls a, b, c1 e c2 of higher plants algae and natural phytoplankton. **Bioch. Physiol. Pfazen** v.167 p.191-194. 1975.

KOMÁREK, J.; ANAGNOSTIDIS, K. Modern approach to the classification system of cyanophyte. 2-Chroococcales. **Arch. Hydrobiol. Suppl.** V.73 n.2. p.157-226. 1986.

KOMÁREK, J.; ANAGNOSTIDIS, K. Modern approach to the classification system of cyanophyte4-Nostocales. **Arch. Hydrobiol. Suppl.** V.82-3 p.247-345. 1989.

KOMÁREK, J.; ANAGNOSTIDIS, K. Cyanoprokaryota, 1: Chroococcales. In: Huber-Pestalozzi, G. (ed.). **Das phytoplankton des Sysswasser: Systematik und Biologie,** Band 7. Schwarzerbart'sche Verlargsbuchhandlung, Sttutgart. 1044 p. 1999.

LORENZEN, C.J. Determination of chlorophyll and pheo-pigments: spectrophotometric equations. **Limnol. Oceanogr.,** v.12 p.343-346 1967.

LUND, J.W.G.; KIPLING, C.; LECREN, E.D. The invert microscope method of estimating algal numbers and the statistical basis of estimations by counting. **Hydrobiologia** v.11 p.143-170. 1958

MARKER, A.F.H.; NUSH, E.A.; RAI, H.; RIEMANN, B. The measurement of photosynthetic pigments in freshwaters and standardization of methods: conclusions and recommendations. **Arch Hidrobiol. Beith. Ergebn. Limnol.,** v.14 p.91-106. 1980.

MOED, J.R. e HALLEGRAEFF, G.M. Some problems in the estimation of chlorophyll-a and phaeopigments from pre- and postacidification spectrophotometric measurements. **Int. Revue. Ges. Hydrobiol.,** v.63 n.6 p.787-800. 1978.

MONTAGNES, D.J.S; BERGES, J.A.; HARRISON, P.J.; TAYLOR, F.J.R. Estimating carbon, nitrogen, protein, and chlorophyll a from cell volume in marine phytoplankton. **Limnol Oceanogr,** v.39 p.1044 - 1060. 1994.

NEDERLANDSE NORM. **NEN 6520.** Netherlands. 1981.

NORMAS TÉCNICAS CETESB L5.303. **Determinação de Fitoplâncton de Água Doce. Método Qualitativo e Quantitativo. Método de Ensaio.** Governo do Estado de São Paulo. Secretaria de Estado do Meio Ambiente. CETESB. – Companhia de Tecnologia de Saneamento Ambiental. 23p. 1991.

NUSH, E.A. Comparison of different methods for chlorophyll and phaeopigment determination. **Arch. Hydrobiol. Beach. Stuttgart,** v.14 p.14-36. 1980.

NUSH, E.A.; PALME, G. Biologishe methoden fur die práxis der gewasseruntersuchung, **Gwf-Wasser/Abwasser.,** v.116 p.562-565. 1975.

PHYCOTECH INC. *Phycotech – raising the standart in aquatic analyses.* Disponível em: <http://www.phycotech.com>. Acesso em: 03/10/2005.

ROCHA, O.; DUNCAN, A. The relationship between cell carbon and cell volume in freshwater algal species used in zooplanktonic studies. **J. Plank. Res.,** v.7 n.2 p.279-294. 1985.

SANT'ANNA, C.L.; AZEVEDO, M.T.P.; AGUJARO, L.F.; CARVALHO, M.C.; CARVALHO, L.R.; SOUZA, R.C.R. **Manual Ilustrado para identificação e contagem de cianobactérias planctônicas de águas continentais brasileiras.** Editoira Interciência. Sociedade Brasileira de Ficologia. 59p. 2006.

UHELINGER, V. Étude statistique des methodes de dénombrement planctonique. **Arch. Sci.,** v.17 n.2 p.121-223. 1964.

UTERMÖHL, H. Zur Vervollkomnung der quantitativen phytoplankton methodik. **Mitt. Int. Verein. Theor. Angew. Limnol.,** v.9 p.1-38. 1958.

VERITY, P. G.; ROBERTSON,C. Y.; TRONZO,C. R.; ANDREWS, M. G.; NELSON, J. R.; SIERACKI, M. E. Relationships between cell volume and the carbon and nitrogen content of marine photosynthetic nanoplankton. **Limnol. Oceanogr., v.37** p.1434-1446. 1992.

WEBER, C.I. **Biological field and laboratory methods for measuring the quality of surface waters and effluents. EPA-670/4-73-001**. National Environmental Research Center, Office of Research & Development, U.S. Environmental Protection Agency. Cincinnati, OH. 1973.

WETZEL, RG.; LIKENS, G.E. **Limnological Analyses**. 2nd. New York. Ed. Springer Verlag. 391p. 1991.

WILDCO-WILDLIFE SUPLY COMPANY. *Plankton equipment and nets*. Disponível em <http://www.wildco.com/index.asp>. Acesso em 09/04/2006.

Métodos de Determinação de Toxinas

Introdução

Não é possível determinar, simplesmente pela aparência, se uma proliferação de cianobactérias é tóxica, e a maior dificuldade no estudo de cianotoxinas encontra-se nos métodos disponíveis para detecção e avaliação de toxicidade.

O monitoramento dos mananciais e reservatórios de água deve incluir a identificação das espécies potencialmente tóxicas e o acompanhamento de suas densidades, por meio de contagem. A identificação desses microrganismos, com base em características morfológicas, apesar de amplamente utilizada e recomendada (Sivonen & Jones, 1999; Bittencourt-Oliveira *et al.*, 2001), tem se mostrado insuficiente para fornecer subsídios ao monitoramento, em razão da extensa plasticidade fenotípica de algumas espécies e pelo fato de ser uma característica intrapopulacional.

Assim, outras técnicas devem ser empregadas. As mais precisas e elaboradas podem ser recomendadas como padrões, como bioensaios com camundongos, detecção de toxinas por HPLC ou análises imunoenzimáticas específicas, porém, nenhuma dessas análises é preditiva – elas são feitas depois que a proliferação tóxica já se estabeleceu.

Sivonen & Jones (1999) sugeriram, também, como alternativa, buscar marcadores moleculares capazes de identificar a presença de cepas de cianobactérias potencialmente tóxicas, antes de ocorrer a proliferação. De acordo com Lorenzi (2004), as técnicas moleculares aplicadas na identificação de cianobactérias potencialmente tóxicas têm oferecido abordagens inovadoras e específicas, com potencial de aplicação em ambientes naturais. Segundo Oliveira (1998), a eficiência dos marcadores moleculares é decorrente de sua especificidade às seqüências de DNA, RNA e proteínas, minimizando os efeitos do meio e fornecendo rica fonte independente de dados, com a necessidade de pequena biomassa (de fragmentos ou células vivas).

A escolha do método de monitoramento depende do grau de especificidade, sensibilidade, precisão e acurácia exigido. De acordo com Yoo *et al.* (1995), estes conceitos podem ser definidos como:

✓ **Especificidade**: indica o potencial de um método em identificar a presença de toxinas conhecidas.

✓ **Sensibilidade:** indica o potencial de um método para quantificar valores específicos das diferentes toxinas.

✓ **Precisão:** indica o potencial de um método para quantificar valores absolutos de determinadas toxinas.

✓ **Acurácia:** indica o potencial de um método para estimar quão próximo do valor teórico está o valor da medida realizada.

Os métodos de detecção de cianotoxinas, em águas doce e marinha, tiveram origem com os bioensaios em camundongos, utilizados desde o início do século XX. Já no início da década de 1980, métodos de detecção mais sofisticados foram desenvolvidos, como ensaios enzimáticos e métodos analíticos como a cromatografia líquida de alta eficiência (HPLC ou CLAE) e a espectroscopia de massa.

De acordo com Boucaïna *et al.* (1998), comumente são usados três tipos de métodos para a detecção e quantificação de toxinas: biológicos, químicos e físico-químicos.

MÉTODOS BIOLÓGICOS

TESTES DE TOXICIDADE

Os estudos de toxicidade não são realizados para determinar se uma substância é segura. Eles servem, fundamentalmente, para identificar os efeitos tóxicos que tal substância pode produzir. Alguns desses testes são padronizados e recomendados por agências regulamentadoras, como Food and Drug Administration (FDA), Environmental Protection Agency (EPA) e Organization for Economic Cooperation and Development (OECD), segundo Câmara (2002). De acordo com a autora, os roedores (ratos e camundongos) são as espécies animais mais utilizadas nos estudos de toxicidade, por serem facilmente manuseados e com custo acessível. A expectativa de vida desses animais é de dois a três anos, o que possibilita observar os efeitos da exposição ao longo de sua vida, relativamente curta em comparação a outros organismos.

TESTES DE TOXICIDADE AGUDA

Os testes de toxicidade aguda visam demonstrar a ocorrência de efeito adverso em curto período, de acordo com procedimentos protocolares, como concentração x tempo, nos estudos de ecotoxicidade, ou de exposições múltiplas em 24 horas; geralmente, referem-se à administração de uma única dose e considera-se o aparecimento de efeito em período de até 14 dias (Azevedo & Chasin, 2003).

A toxicidade aguda – DL_{50} (dose letal) – de um composto químico é expressa pela quantidade necessária desse composto em mg.kg^{-1} de peso corpóreo para provocar a morte de 50% de um lote de animais submetidos à experiência. Para o bioensaio da DL_{50} são selecionadas, pelo menos, quatro doses crescentes do composto químico, de maneira que a menor dose não provoque mortalidade nos animais do grupo e que a maior dose não provoque 100% de mortes (Larini, 1993).

Casos de inalação ou de absorção dérmica no ambiente aquático, freqüentemente, envolvem a DL_{50} ou CL_{50} (concentração letal). Normalmente, as provas se baseiam na verificação do evento letal nas 24 horas que se seguem à administração e no acompanhamento dos sobreviventes durante 7 dias.

Os estudos de toxicidade aguda têm por objetivo identificar órgãos que possam ser alvos potenciais de determinado tóxico, além de conhecer a variabilidade das respostas das espécies aos diferentes agentes (Azevedo & Chasin, 2003).

O principal teste de ecotoxicidade aguda é a determinação de CL_{50} e de uma concentração efetiva média de CE_{50} (concentração efetiva média – concentração do agente tóxico que causa efeito agudo a 50% dos organismos-teste, em determinado período de exposição), sob curta duração de exposição (minutos a horas). A curta exposição a concentrações maiores geralmente determina efeito letal.

TESTES DE TOXICIDADE SUBAGUDA E SUBCRÔNICA

As definições de toxicidade subaguda e subcrônica são controvertidas porque há diferenças nos intervalos de tempo que as caracterizam. Geralmente, as definições envolvem o estudo de efeitos adversos decorrentes da exposição a doses/concentrações múltiplas do agente tóxico, durante períodos que não excedem 10% da vida do animal. Em ratos, estudos durante 14, 21 e 28 dias são referidos como subagudos e com duração de 90 dias, como subcrônicos.

A avaliação do estado de saúde desses animais deve ser realizada por meio de vários parâmetros: pesagem, exames físicos semanais, análises bioquímicas do sangue e da urina, exames hematológicos e provas funcionais que devem ser realizadas em todos os animais doentes, além de necropsia completa em todos os animais, incluída aí a histologia de todos os órgãos (Azevedo & Chasin, 2003).

TESTES DE TOXICIDADE CRÔNICA

Estudos de toxicidade crônica são realizados em um período correspondente à vida do animal (Azevedo & Chasin, 2003). Para esse estudo, são obtidas informações toxicológicas a partir da administração diária do agente tóxico, durante período de pelo menos 12 meses (Larini, 1993), ou de 2 a 7 anos, dependendo da espécie selecionada, segundo os resultados dos estudos subcrônicos e toxicodinâmicos (Azevedo & Chasin, 2003).

Os animais devem ser submetidos a exames clínicos semanalmente; em todos eles devem ser feitas análises bioquímicas do sangue e da urina, bem como análises hematológicas e provas funcionais, incluindo a histologia de todos os órgãos, com o objetivo de identificar anormalidades e doenças que possam ser caracterizadas como causadas por substâncias químicas e, ainda, caracterizar as condições de exposição e doses.

BIOENSAIOS

Os bioensaios com camundongos consistem na injeção intraperitonial de extrato de cianobactérias, em diferentes doses, nos organismos-teste (são utilizados camundongos machos de 25-30 gramas). Este método pode ser utilizado para a detecção da presença de microcistinas, nodularinas, anatoxina-a, anatoxina-a (s), C-toxinas e saxitoxinas, porém, trata-se de método mais qualitativo do que quantitativo.

A amostra de biomassa da proliferação é centrifugada, lavada e liofilizada, e com as células é preparado um extrato com solução fisiológica.

Após a injeção intraperitonial, os camundongos são observados a cada 15 minutos, para identificação de sintomas tóxicos, como contrações abdominais, piloereção, vasoconstricção auricular, esfriamento das extremidades, brilho nos olhos, movimentação desordenada, seguida de prostração, diarréia e sangue nas fezes, aceleração da respiração, convulsão e olhos dilatados. De acordo com Whitton & Potts (2000), embora esses sintomas variem com a composição (qualidade) e concentração do material, geralmente eles são distintos para as diferentes toxinas.

As vantagens e desvantagens do método são:

Vantagens

✓ ser realizado facilmente em laboratório, sem a necessidade de equipamentos sofisticados e caros;

✓ em poucas horas fornece respostas quanto à presença de toxinas conhecidas aos sinais de envenenamento e CL_{50} [concentração letal média – concentração do agente tóxico que causa efeito agudo (letalidade) a 50% dos organismos-teste, em período de exposição determinado (Azevedo & Chassin, 2003)].

Desvantagens

✓ apresentar pouca sensibilidade para detectar baixas concentrações de cianotoxinas;

✓ limitações do método na rotina de laboratório e em estudos ambientais, se as companhias responsáveis pela captação, tratamento e distribuição de água tiverem dificuldades para obter e manter os animais-teste (Pereira *et al.*, 1998);

✓ a toxicidade medida em condições de laboratório não pode ser transportada para as condições ambientais;

✓ crescente oposição em muitos países ao uso de animais para testes de toxicidade.

Lawton *et al.* (1994) estabeleceram faixas de toxicidade referentes a cianobactérias (Tabela 4.1).

Tabela 4.1 Faixas de toxicidade das cianobactérias para camundongos (mg de peso seco de células por kg de peso corpóreo do camundongo).

mg ps de céls./kg pc do camundongo	Toxicidade
> 1.000	não tóxico
1.000-500	baixa toxicidade
500-100	média toxicidade
< 100	alta toxicidade

Fonte: Modificado de Lawton *et al.* (1994).

Outros bioensaios, com organismos aquáticos e semi-aquáticos, já foram testados na detecção de cianotoxinas em *Artemia salina*, *Daphnia* sp., *Daphnia pulex*, *Aedes aegyptii* e *Drosofila melanogaster*. Entretanto, nenhum deles mostrou-se tão eficiente quanto o teste realizado com camundongos.

Ensaios de laboratório mostraram que a toxicidade das neurotoxinas é diferente na fase larval e na fase adulta de camarões. A anatoxina-a pura não é tóxica para as larvas, mas, se estas forem colocadas em contato com a biomassa de cianobactérias não tóxicas, a morte percentual de larvas cresce significativamente. Provavelmente, isso acontece como conseqüência de sinergismo com outros compostos ou pelo fato de a toxina pura não ser absorvida pela larva. É possível que alguns compostos possibilitem a assimilação da toxina pela larva e afete a bioquímica do crustáceo (Whitton & Potts, 2000).

As vantagens e as desvantagens do método são:

Vantagens

✓ detecção de neurotoxinas e hepatotoxinas em concentrações de moderadas a altas;

✓ não utilização de camundongos vivos para testes de toxicidade;

✓ fácil montagem e manutenção dos organismos em laboratório;

✓ condições mais próximas das ambientais com a toxina diluída no meio.

Desvantagens

✓ não distinção entre hepatotoxicidade e neurotoxicidade;

✓ serem necessárias, pelo menos, 48 horas para a obtenção dos resultados;

✓ dificuldade de separar o efeito da toxina de outros efeitos no cultivo. Por exemplo, a dificuldade de assimilação das células pelos organismos.

Podem também ser realizados bioensaios de citotoxicidade *in vitro,* com hepatócitos de roedores e de peixes e com fibroblastos, células cancerosas e eritrócitos de mamíferos. Whitton & Potts (2000) propõem o uso de hepatócitos frescos de camundongos para avaliar a toxicidade de proliferações de cianobactérias e mostram que a toxicidade *in vitro,* para as células, pode ser correlacionada à de bioensaios *in vivo.* Quando usada essa biomassa, as hepatotoxinas causaram deformação e mudanças estruturais nas células do fígado de camundongos, principalmente por inibir a atividade da fosfatase. Têm sido observados efeitos similares com eritrócitos. Desde os primeiros estudos intuiu-se que extratos de cianobactérias tóxicas rompiam os eritrócitos. Estudos posteriores, realizados com microcistinas purificadas, não demonstraram o mesmo efeito em fibroblastos nem em eritrócitos.

Vantagens

✓ não utilização de animais vivos para testes de toxicidade em laboratórios;

✓ a manutenção das culturas de células é menos complexa que o cultivo de organismos-teste.

Desvantagens (segundo Nicholson & Burch, 2001)

✓ resposta tóxica não específica a cianotoxinas;

✓ dificuldades dos laboratórios na preparação de suspensão celular para os testes de toxicidade.

Métodos bioquímicos

ELISA – ensaio do imunoadsorvente ligado à enzima

O ensaio do imunoadsorvente ligado à enzima (ELISA – *Enzyme Linked Immuno Sorbent Assay*) é uma modificação do RIA (*radioimmunoassay*; em português: radioimunoensaio). Por meio desta metodologia, o anticorpo, em vez de ser radioativo, possui uma enzima marcada aderida a ele (Black, 2002).

Segundo Trabulsi *et al.* (1999), o ELISA é um método imunológico de grande sensibilidade para a pesquisa de antígenos bacterianos. Esse método baseia-se na propriedade de que antígenos e anticorpos, mono e policlonais, podem ser ligados a vários tipos de superfície, como, por exemplo, polivinil ou poliestireno, de modo que tanto a especificidade dos anticorpos ligados quanto os sítios antigênicos sejam fielmente preservados. Segundo Amorim (1997), o teste ELISA baseia-se na alta especificidade que os anticorpos possuem para os antígenos contra os quais são produzidos.

Esse método foi desenvolvido para determinação de poluentes no meio ambiente, incluindo toxinas. Entretanto, Yoo *et al.* (1995) afirmam que o ELISA foi desenvolvido para detecção de microcistinas, a fim de corroborar resultados quantitativos em corpos de água e em extratos de biomassa com limite de detecção de 0,2 μg.L^{-1} e 0,25 μg.L^{-1}. Esse método responde por apenas parte da variedade de microcistinas.

Segundo An & Carmichael (1994), para realização do teste ELISA, utilizam-se anticorpos policlonais desenvolvidos contra microcistina-LR (MCYST-LR). Entretanto, esses anticorpos possuem boa reação cruzada com outros tipos de microcistina (MCYST-RR, MCYST-YR, MCYST-FR e MCYST-WR) e também com a nodularina (NODLN). Investigações posteriores demonstraram que os anticorpos são mais eficientes contra algumas microcistinas, como Microcistina-RR, enquanto sua resposta é pequena diante de outras (Nicholson & Burch, 2001).

As microcistinas e nodularinas que possuem a forma E (ligação dupla no C6 do ADDA- ácido 3-amino-9-metoxi-2,6,8-trimetil-10-fenil-deca-4,6-dienóico, responsável pela atividade das hepatotoxinas) são reconhecidas mais facilmente pelos anticorpos. A desmetilização do ADDA, tanto nas microcistinas quanto nas nodularinas, causa alteração estrutural nessas moléculas, tornando-as irreconhecíveis pelos anticorpos, apesar de permanecerem tóxicas para mamíferos. Entretanto, a modificação no grupo –COO do ácido glutâmico das microcistinas não altera a especificidade com os anticorpos e não é tóxica para camundongos (An & Carmichael, 1994).

As microcistinas da amostra, adicionadas à placa de reação, competem com o conjugado microcistina-enzima pelos anticorpos imobilizados nas paredes do tubo ou na placa de reação, que são em número limitado.

Na Figura 4.1 são mostrados antígenos e toxina (microcistina) submetidos à reação enzimática. Durante o período de incubação, a microcistina se liga aos anticorpos e depois se adiciona ao conjugado de microcistina-enzima que se liga aos anticorpos que ainda se encontram disponíveis.

A lavagem remove todas as moléculas não ligadas, e o substrato cromático adicionado é degradado na presença dos conjugados microcistina-enzima ligados aos anticorpos, produzindo cor azul, que é mais clara dependendo da quantidade de microcistina existente na amostra. Isso ocorre porque, quanto mais moléculas de microcistina presentes, maior é a quantidade de anticorpos preenchidos, ficando, assim, indisponíveis para o conjugado microcistina-enzima. Com isso, menor quantidade de substrato acaba reagindo, originando a cor azul mais clara.

No controle em que não há microcistinas ativas, todos os anticorpos vão estar disponíveis para o conjugado microcistina-enzima, formando cor azul-escura (Amorim, 1997).

A descrição do método ELISA, feita por Sivonen & Jones (1999), para detecção de microcistinas, é apresentada na Figura 4.1.

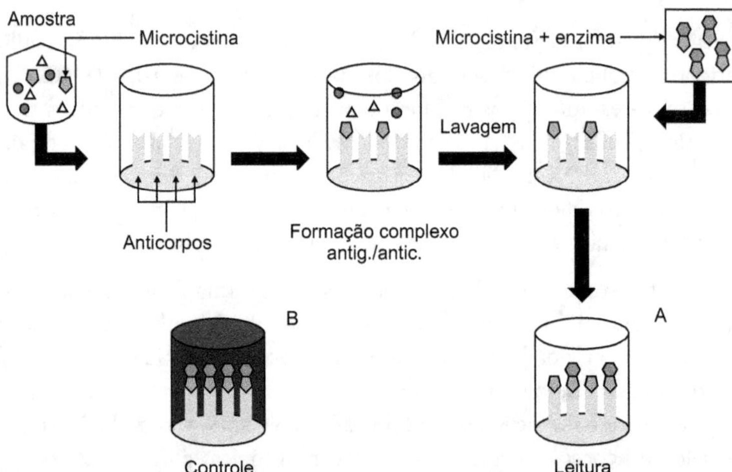

Figura 4.1 Esquema do método ELISA. (A) Amostra com toxina. (B) Amostra controle (sem toxina).

O teste ELISA apresenta como **vantagens**:

✓ alta sensibilidade;

✓ grande quantidade de amostras pode ser manipulada num dia, reduzindo o custo por análise;

✓ necessidade de pequenas quantidades de anticorpos diluídos.

Apresenta como **desvantagens**:

✓ dificuldade de obter anticorpos específicos para microcistinas;

✓ interferências de outros componentes da amostra;

✓ possibilidade de falsos positivos e falsos negativos;

✓ custo de aquisição dos kits e leitor de placa.

Os testes ELISA são lidos por meio de leitora de microplacas, por absorbância, como pode ser visto na Figura 4.2.

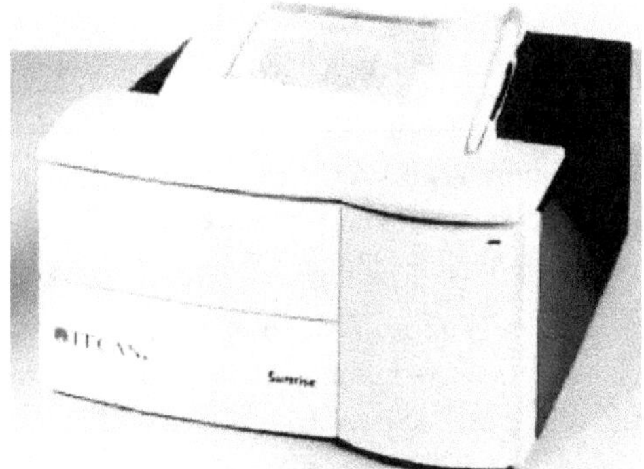

Figura 4.2 Leitora de microplacas por absorbância (Tecan, 2006).

A possibilidade de uma microcistina altamente tóxica apresentar reatividade muito baixa com os anticorpos significa que um falso resultado pode ser obtido. Isso poderia levar à conclusão errada de que uma proliferação não é tóxica e que o corpo de água está seguro, quando ele pode não estar (Nicholson & Burch, 2001).

A precisão desse teste depende da microcistina presente, sendo que sua reatividade é relativa a um padrão de quantificação e é suscetível a interferências. Se somente a microcistina-LR ou microcistinas com equivalentes reatividades estiverem presentes, então um resultado preciso em termos de microcistina-LR equivalente poderá ser obtido. Entretanto, um resultado preciso de toxicidade, equivalente em termos de microcistina-LR, somente será obtido se as toxicidades também forem equivalentes (Nicholson & Burch, 2001).

ENSAIO DE INIBIÇÃO DE FOSFATASE

As hepatotoxinas peptídicas, microcistinas e nodularinas inibem as enzimas responsáveis pela desfosforilação de fosfoproteínas intracelulares. Essas enzimas são conhecidas como proteínas fosfatases, e os tipos mais inibidos por hepatotoxinas peptídicas cíclicas são do Tipo 1 e de um subgrupo do Tipo 2, chamada proteína fosfatase 2A. A inibição dessa proteína parece estar relacionada à hepatotoxidade desses compostos e, provavelmente, ao desenvolvimento de tumores (An & Carmichael, 1994).

Este método consiste em quantificar o fosfato liberado das proteínas fosforiladas. Como as microcistinas são potentes inibidoras das proteínas 1 e 2, elas podem ser detectadas por medidas da inibição da liberação do fosfato. Para esta análise, compara-se a taxa de inibição das fosfatases protéicas a uma curva-padrão de concentração conhecida. A inibição de fosfatase pode ser determinada usando-se substratos radiomarcados de P^{32} e medindo o fosfato radiomarcado produzido e liberado em tempo fixado (An & Carmichael, 1994; Nicholson & Burch, 2001).

A reação é finalizada adicionando-se ácido tricloroacético para inativar a proteína fosfatase e precipitar a proteína radiomarcada P^{32}. A fração do ácido solúvel é extraída pelo ácido molibidato, e os extratos de fosfato inorgânico e o fosfato P^{32} são contados em um cintilômetro (Mackintosh & Mackintosh, 1994).

Segundo Nicholson & Burch (2001), o método tem sido usado para determinação de microcistinas em amostras ambientais, aplicado para o monitoramento de amostras de água, com limite de detecção de até $0,1$ $\mu g.L^{-1}$, aproximadamente.

An & Carmichael (1994) reportam ter usado um ensaio de inibição de proteína fosfatase colorimétrico, que não necessita de materiais radioativos. O ensaio de inibição de proteína fosfatase é extremamente útil para a confirmação da atividade biológica e, conseqüentemente, para determinar a toxicidade de microcistinas presentes nos ecossistemas.

Segundo Mackintosh & Mackintosh (1994), o método apresenta como **vantagens**:

✓ sensibilidade em concentrações baixas de microcistinas;

✓ simplicidade e rapidez: um técnico pode realizar cem ensaios em um dia;

✓ possibilidade de várias curvas de calibração;

✓ versatilidade: o ensaio pode ser usado para detectar ácido okadaíco em extratos de moluscos. O ácido okadaíco e microcistinas podem ser facilmente distinguidos nas amostras, pois essas toxinas têm diferenças relativas a PP1 e PP2A.

O método apresenta como **desvantagens**, segundo Nicholson & Burch (2001):

✓ inibição da fosfatase protéica; no entanto, não é específico para microcistinas, porque outras toxinas que não são produzidas por cianobactérias provocam as mesmas respostas;

✓ o método é sensível, mas está sujeito ao principal inconveniente de que o isótopo P^{32} tem curto período de meia-vida, aproximadamente 14 dias;

✓ as proteínas não são comercialmente disponíveis e requerem procedimentos sofisticados para sua preparação;

✓ usam-se, na preparação do método, ATP radioativo e enzimas comerciais, ambos muito caros;

✓ muitos laboratórios não estão preparados para executar determinações radioativas.

ENSAIO DE INIBIÇÃO DA ACETILCOLINESTERASE

Dentre os bioensaios rápidos e sensíveis, a utilização da enzima acetilcolinesterase é uma alternativa para a detecção e seleção de amostras com ação anticolinesterase (Trevisan & Macedo, 2003).

Segundo Mahmood & Carmichael (1986), é possível determinar a atividade bioquímica da anatoxina-a (s) por um ensaio baseado na inibição da enzima acetilcolinesterase (AchE), o qual indica a presença da toxina. Esse ensaio não é seletivo; ele detecta, também, outros inibidores da acetilcolinesterase, como organofosforados de praguicidas.

A inibição de acetilcolinesterase pode ser determinada por meio de uma reação colorimétrica, que consiste na reação de um grupo acetil, liberado enzimaticamente da acetilcolina por ação da acetilcolinesterase, com o ácido ditiobisnitrobenzóico, na qual a toxina é detectada por redução na absorbância a 410 nm.

O método da inibição da acetilcolinesterase baseia-se na determinação do I_{50} – concentração molar do inibidor necessária para produzir 50% de inibição enzimática. O valor depende da fonte de enzima, da concentração do substrato e da temperatura de incubação, entretanto, independe do tempo de incubação. Experimentalmente, o valor do I_{50} pode ser determinado por métodos potenciométricos (Lanna, 2002).

De acordo com Yunes *et al.* (2003), anatoxina-a (s) é estruturalmente análoga a praguicidas organofosforados, que são inibidores específicos da acetilcolinesterase (AchE), uma enzima conhecida por hidrolisar o neurotransmissor acetilcolina. Devido à especificidade dos organofosforados contra AchE, freqüentemente ela é empregada para a detecção de organofosforados presentes em ambientes marinhos ou dulcícolas. Segundo os mesmos autores, é considerado o método legal adotado pela legislação brasileira (Brasil, 2004). Toxinas como anatoxina-a (s) assemelham-se estruturalmente à molécula dos organofosforados, permitindo sua detecção em sistemas enzimáticos *in vitro*, desde que anatoxina-a (s) seja uma molécula ativa e possa inibir a atividade da AchE sem sua posterior metabolização.

Os pesticidas organofosforados atuam inibindo as colinesterases, principalmente a acetilcolinesterase e, dessa forma, aumentam o nível de acetilcolina nas sinapses nervosas, fato conhecido como síndrome colinérgica. Em mamíferos, os efeitos caracterizam-se principalmente por lacrimejamento, salivação, sudorese, diarréia, tremores e distúrbios cardiorrespiratórios, depressão do sistema nervoso central e insuficiência respiratória (Herricks *et al.*, 1994). Sintomatologia semelhante aos efeitos causados pela ingestão de anatoxina-a (s) foi verificada em bioensaios de laboratório, confirmando a analogia estrutural dos organofosforados e da anatoxina-a (s) (Cavaliere *et al.*, 1996; Lanna, 2002).

Segundo Lanna (2002), a avaliação do nível de atividade da acetilcolinesterase é um indicador indireto de eventual exposição/intoxicação e contaminação das águas.

O método apresenta como **vantagens**:

✓ alta sensibilidade;

✓ rapidez.

O método apresenta como **desvantagem**:

✓ interferência de outras substâncias inibidoras de acetilcolinesterase, principalmente organofosforados.

Métodos físico-químicos

Cromatografia líquida de alta eficiência (HPLC/CLAE)

A cromatografia é um método físico-químico para a separação de componentes de uma mesma mistura (De Sá, 1994).

O objetivo da cromatografia é a separação dos componentes de uma amostra genérica, visando posterior determinação dos mesmos. A análise qualitativa tem por finalidade identificar os componentes da amostra. O parâmetro utilizado é o tempo de detenção, que é o tempo transcorrido desde a injeção do analito (solução da qual se conhece o nome da substância, mas se desconhece a concentração) até a obtenção do pico máximo gerado. Na análise quantitativa, a área do pico no cromatograma é proporcional à concentração de uma ou de mais substâncias.

De acordo com Cienfuegos & Vaitsman (2000), há três meios para a identificação:

✓ comparações com padrões puros;

✓ adição de padrão;

✓ índice de retenção.

Segundo Cass & Degani (2001), a cromatografia líquida de alta eficiência (HPLC/CLAE) surgiu como aplicação da cromatografia líquida às teorias e instrumentações desenvolvidas inicialmente para a cromatografia gasosa. Surgiu na década de 1960. Baseia-se na teoria gasosa, em que a eficiência de uma separação aumenta com a diminuição do tamanho da partícula da fase estacionária. Lombardo *et al.* (2003) consideram a HPLC um método rápido, sensível e reproduzível para as análises quali e quantitativas, purificação e separação de componentes.

A HPLC é o mais comum dos procedimentos instrumentais analíticos utilizados na determinação de microcistinas e nodularinas (Nicholson & Burch, 2001). Segundo Sivonen & Jones (1999), os métodos analíticos foram desenvolvidos para determinar principalmente microcistinas, entretanto, as nodularinas podem ser analisadas pelos mesmos métodos.

Segundo Amorim (1997), a amostra injetada no sistema de cromatografia passa por uma coluna que contém gel de sílica-ODS (octadecilsilano). Ao passar por essa coluna, os compostos químicos vão sendo eluídos a velocidades diferentes, as quais dependem dos solventes utilizados e de suas proporções. Nicholson & Burch (2001) reportam que as cianotoxinas podem ser separadas umas das outras e de outros compostos usando-se: coluna C18 reversa, coluna de amido C16, coluna de troca iônica e uma fase aquosa contendo metanol ou acetonitrila. A detecção depende da concentração e do volume da amostra. A fase móvel pode determinar que tipo de microcistina está presente, sendo distinguidas as microcistinas-LR e YR.

Uma vez separadas as toxinas, a próxima etapa é a detecção. Nessa fase não deve haver restos de matéria orgânica, pois a matéria orgânica extraída juntamente com as toxinas da água pode interferir na análise, mascarando as respostas. Nesse caso, alguns procedimentos de purificação das amostras são recomendados (Nicholson & Burch, 2001). Estes métodos podem ocorrer também na preparação da amostra.

Segundo Nobre (1997), o Centro Britânico de Pesquisa em Água desenvolveu um método-padrão para microcistina, com base na HPLC. Esse método é capaz de detectar 1 μg.L^{-1} de microcistina em água; ela se torna mais específica e sensível em UV. A identificação estrutural das toxinas isoladas é feita por análise dos aminoácidos por HPLC dos peptídeos hidrolisados.

Segundo Nicholson & Burch (2001), os principais detectores para análise de toxinas por HPLC são:

- ✓ A detecção por cromatografia UV é o meio mais comum para a detecção de cianotoxinas, pois tanto a maioria das microcistinas como as nodularinas têm a absorção máxima em 238 nm, embora aquelas com aminoácidos aromáticos, como a microcistina-LW que contém triptofano, absorvam em comprimentos de onda mais baixos, no caso 222 nm. O objetivo dessa técnica é determinar as toxinas individualmente, estando a concentração sujeita a comparações com padrões; assim, a identificação das microcistinas é baseada nos picos de seus espectros. A precisão da técnica está entre 5% e 10%. O limite de detecção não está definido. A detecção por UV já é bem documentada e padronizada, sendo um método relativamente barato.

- ✓ Outro modo de análise utilizando a HPLC é a detecção por fotodiodo. Esse método grava o espectro de diferentes analitos, promovendo melhor evidência da presença da cianotoxina. O espectro típico de uma microcistina, com o máximo de absorbância em 238 nm (ou ocasionalmente 222 nm, no caso da microcistina que contém triptofano), promove alto grau de confiança à presença da toxina na amostra. Apesar disso, é difícil identificar o pico de absorção em cromatogramas quando as concentrações são baixas e os espectros não são bem definidos, pois depende da experiência do analista.

✓ A espectroscopia de massa como método de detecção promove melhor solução do problema de identificação equivocada de algumas cianotoxinas, como, por exemplo, a microcistina. As microcistinas apresentam íons característicos no espectro de massa. A espectroscopia de massa funciona como impressão digital da molécula. Assim como quaisquer outros métodos analíticos, padrões devem ser utilizados para uma precisa quantificação. A espectroscopia de massa ainda não é rotina comum em laboratórios, mas sua aplicação vem aumentando nos últimos anos. Enquanto no detector de fotodiodo diferentes microcistinas parecem ter respostas semelhantes, isso não ocorre na espectroscopia de massa. Como na detecção por UV e fotodiodo, a precisão da espectroscopia de massa é em torno de 5% e 10%, porém, seu limite de detecção é de 0,02 μg.L^{-1} para o volume de 5 L. O custo do equipamento é alto; já os custos de operação são menores.

O método do HPLC, independente do detector escolhido, apresenta como **vantagens**, segundo De Sá (1994) e Cass & Degani (2001):

✓ separação rápida;

✓ alta resolução (separa elevado número de componentes com alto grau de pureza);

✓ versatilidade (permite análises com diferentes pesos moleculares);

✓ análise quantitativa fácil e exata;

✓ ampla variedade de detectores disponíveis;

✓ automação.

As **desvantagens** são:

✓ elevado custo de instrumentação e manutenção;

✓ não há um detector universal para todos os comprimentos de ondas;

✓ incapacidade de fornecer informações que permitam a identificação dos picos.

ELETROFORESE CAPILAR

Segundo Santoro *et al.* (2000), a eletroforese capilar (EC) pode ser definida como o transporte de partículas eletricamente carregadas, em meio líquido, sob a influência de um campo elétrico.

A determinação de microcistinas e anatoxina-a pode ser feita com base em suas cargas e tamanhos moleculares. A EC deve ser considerada na separação e na quantificação das hepatotoxinas peptídicas. A detecção de toxinas feita pela EC ainda não é rotina de monitoramento das águas. Segundo Nicholson & Burch (2001), a sensibilidade do método tem sido aumentada pelo uso de um detector fluorescente de laser induzido. Sua precisão se encontra entre 5% e 10%.

Este método foi denominado solução livre em razão da instabilidade do aparelho, notadamente por efeitos de difusão e aquecimento gerados pelo campo elétrico, efeitos que comprometiam a resolução (a separação) dos compostos. Estes efeitos foram minimizados com a introdução de um suporte (gel ou papel) que ajuda a conter o movimento livre dos analitos, de forma a diminuir o efeito da difusão (Guzman, 1993). Entretanto, este sistema oferece baixo nível de automação, longo tempo de análise e, após a separação, a detecção é feita visualmente.

A EC é uma técnica aplicável na determinação de grande variedade de amostras, incluindo hidrocarbonetos aromáticos, vitaminas hidrossolúveis e lipossolúveis, aminoácidos, íons inorgânicos, ácidos orgânicos, fármacos, catecolaminas, proteínas, peptídeos e muitos outros. Uma característica que difere a EC das outras técnicas é sua capacidade única para separar macromoléculas eletricamente carregadas de interesse tanto para indústrias de biotecnologia quanto para pesquisas biológicas (Santoro *et al.*, 2000).

Segundo Guzman (1993), a análise qualitativa pode ser feita pela comparação dos tempos de migração dos padrões com os tempos de migração das substâncias presentes na amostra ou por meio de espectros de UV/Vis (detector por arranjo de diodos) ou do espectro de massas (detector espectrômetro de massas).

A técnica apresenta vantagens e desvantagens, segundo Backer (1995), Tavares (1997), Santoro *et al.* (2000) e Nicholson & Burch (2001).

Vantagens

✓ rapidez;

✓ versatilidade: inúmeros compostos podem ser analisados, desde íons até bactérias vivas;

✓ baixo custo por análise;

✓ alto poder de separação (resolução);

✓ consumos mínimos de amostras, reagentes e solventes;

✓ produz volume mínimo de resíduos.

Desvantagens

✓ não ser adequada à determinação de compostos voláteis e de pequena massa molar, que são melhor determinados por cromatografia gasosa;

✓ menor sensibilidade, quando comparada ao HPLC;

✓ não é apropriada para rotinas laboratoriais.

Método MMPB

Segundo Nicholson & Burch (2001), este método baseia-se na oxidação da microcistina que rompe a cadeia ADDA e produz o ácido 3-metoxi-2-metil-4-fenilbutírico, que é então determinado por cromatografia gasosa (CG). Na literatura já foi relatado limite de detecção de 0,43 ng/L de microcistina para essa técnica. O resultado pode ser aproximado para uma concentração total de toxinas, que pode ser expressa em termos de microcistina-LR. Através desse método não é possível identificar toxinas individuais.

O método apresenta como **vantagem**:

✓ sensibilidade a baixos níveis de microcistinas.

Apresenta como **desvantagem**:

✓ não identifica toxinas individuais.

Bibliografia Recomendada

AMORIM, A.M.G. **Acumulação e Depuração de Microcistinas por** *Mytilus Galloprovincialis* **Lamarck.** Dissertação de Mestrado. Faculdade de Ciências da Universidade do Porto. Porto. 69p. 1997.

AN, J.; CARMICHAEL, W.W. Use of a colorimetric protein phosphatase inhibition assay and enzyme linked immuno sorbent assay or the study of microcystins and nodularins. **Toxicon,** v.32 p.1495-1507. 1994.

AZEVEDO, F.A.; CHASIN, A.A. da M. **As Bases Toxicológicas da Ecotoxicologia.** São Paulo: Rima. 322p. 2003.

BAKER, D.R. **Capillary eletrophoresis.** United States of America. Wiley-Interscience John Wiley & Sons, Inc., 244p. 1994.

BITTENCOURT-OLIVEIRA, M.C., OLIVEIRA M.C., YUNES, J.S. Cianobactérias Tóxicas: O uso de marcadores moleculares para avaliar a diversidade genética. **Biotecnologia Ciência & Desenvolvimento nº23.** Novembro/dezembro 2001.

BLACK, J.G. **Microbiologia: fundamentos e perspectivas.** 4ª ed. Rio de Janeiro Guanabara Koogan S.A. 829 p. 2002.

BOUCAÏNA, N., VIA-ORDORIKA, L., VANDEVELDE, T., FAUCHON, N., PUISEUX-DAO, S. Toxic Cyanoprokaryontes in resource waters: monitoring of their occurrence and toxin detection. **OECD Workshop Molecular Methods for the Safe Drinking Water.Paris:**1-9. 1998.

BRASIL **Portaria nº518 de 25 de Março de 2004**. Brasília: Ministério da Saúde. 21p. 2004.

CÂMARA, V. de M. **Textos de epidemiologia para vigilância ambiental em saúde: Fundação Nacional de Saúde**. Brasília: Ministério da Saúde. 132 p. 2002.

CASS, Q.B.; DEGANI, A.L. G. **Desenvolvimento de Métodos para HPLC: Fundamentos, Estratégias e Validação**. Série Apontamentos. São Carlos: Ed. UFSCar. 77p. 2001.

CAVALIERE, M.J.; CALORE, E.E.; PEREZ, N.M.; PUGA, F.R. Miotoxicidade por organofosforados. **Rev. Saúde Pública, 30 (3):** 267-272. 1996.

CIENFUEGOS, F.; VAITSMAN, D. **Análise instrumental**. Editora Interciência. Rio de Janeiro. 606p. 2000.

CIOLA, R. **Fundamentos da Cromatografia a Líquido de Alto Desempenho (HPLC)**. 1ª edição. São Paulo. Editora Edgard Blücher LTDA. 179 p. 1998.

COLLINS, C.H. e BRAGA, G.L. **Introdução a métodos cromatográficos**. Campinas. Editora UNICAMP. (Série Manuais). 298 p. 1987.

DE SÁ, O.R. **O Peixe como Bio-Indicador da Contaminação Ambiental: Avaliação da Toxicidade de Agrotóxicos**. Dissertação, USP-EESC-São Carlos.187p. 1994.

GUZMAN, N.A. Capillary Electrophoresis Technology. **Chromatographic Science Series vol. 64**. United States of America. Marcel Dekker, Inc. 857p. 1993.

HERRICKS, E.E.; MILNE, I.; JOHNSON, I. **Selecting Biological Test Systems to Asses Time Scale Toxicity**. Water Environment Research Foundation- project 92-BAR-1 p.3-4. 1994.

LANNA, A.C. **Impacto ambiental de tecnologias, indicadores de sustentabilidade e metodologias de aferição: uma revisão. Embrapa Arroz e Feijão. Santo Antônio de Goiás, GO**. Documento 144. 1ª edição. 22p. 2002.

LARINI, L. **Toxicologia**. Editora Manole. São Paulo.2ªed. 281p. 1993.

LAWTON, L.A.; EDWARDS, C.; CODD, G.A. Extraction high performance liquid chromatographic method for the determination of microcystis in raw and treated waters. **Analyst.**, v.119 p.1525-1530. 1994.

LOMBARDO, M.; ROSITO, F.M.; CARVALHO, L.R.; KIYOTO, S. Otimização de Protocolos de Cromatografia Líquida de Alta Eficiência para a Análise e Purificação de Proteínas e Toxinas Peptídicas Extraídas de Materiais Vegetais e de Algas Cianofíceas. 16ª Reunião Anual do Instituto Biológico-RAIB. **Arquivos do Instituto Biológico** v.70 n.3. p.5 2003.

LORENZI, A. S. **Abordagens moleculares para detectar cianobactérias e seus genótipos produtores de microcistinas presentes nas represas de Billings e Guarapiranga, São Paulo, Brasil**. Dissertação (mestrado) Centro de Energia Nuclear na Agricultura.(CENA). Universidade de São Paulo (USP). Piracicaba. São Paulo. 92p. 2004.

MACKINTOSH, C.; MACKINTOSH, R.W. The inhibition of protein phosphatases by toxins: implications for health and extremely sensitive and rapid bioassay for toxicon detection em CODD et al. (editors). In **Detection Methods for Cyanobacterial Toxins**. The Royal Society of Chemistry p.90-99. 1994.

MAHAMOOD, N.A.; CARMICHAEL, W.W. Paralytic shellfish poisons produced by the freshwater cyanobacterim Anabaena flos-aquae NH-5. **Toxicon**, v.24 p.175-186. 1986.

NICHOLSON, B.C.; BURCH, M.D. **Evaluation of Analytical Methods for Detection and Quantification of Cyanotoxins in Relation to Australian Drinking Water Guidelines**. Cooperative Research Centre for Water Quality and Treatment - National Health and Medical Research Council of Australia. Water Services Association of Australia. 37p. 2001.

NOBRE, M.M.Z. de A. **Detecção de Toxinas (Microcistinas) Produzidas por Cianobactérias (Algas Azuis) em Represas para Abastecimento Público, pelo Método de Imunoadsorção Ligado à Enzima (ELISA) e Identificação Química.** Tese (doutorado) - Universidade de São Paulo. Faculdade de Ciências Farmacêuticas. Programa de Pós-Graduação em Toxicologia. São Paulo. 154p. 1997.

OLIVEIRA, M.C. O uso de marcadores moleculares no estudo de biodiversidade. Congresso Latino-Americano de Ficologia. **Anais IV Congresso Latino-Americano de Ficologia.** São Paulo: Sociedade Ficologia da América Latina e Caribe. v.1 p.179-186. 1998.

SANTORO, M.I.R.M.; PRADO, M.S.A.; STEPPE, M.; KEDOR-HACKMANN, E.R.M. Eletroforese capilar: teoria e aplicações na análise de medicamentos. Revista Brasileira de Ciências Farmacêuticas. **Brazilian Journal of Pharmaceutical Sciences.** V.36, nº1, jan./jun. p.97-110. 2000.

SIVONEN, K.; JONES, G. Cyanobacterial toxins. In: CHORUS, I. & BARTRAM, J. (eds.). Toxic Cyanobacteria in **Water: A guide to their Public Health – Consequences, Monitoring and Management.** Londres. E. & F.N. Spon p.42-111. 1999.

TAVARES, M.F.M. Mecanismos de separação em eletroforese capilar. **Revista Química Nova, v.20** n.5 p.493-511. 1997.

TECAN. **Microplate Reader & Scanner Guide.** Disponível em <http://www.tecan.com>. Acessado em 12 de janeiro de 2006.

TRABULSI, L.R; ALTERTHUM, F.; CANDEIAS, J.A.N.; GOMPERTZ, O.F. **Microbiologia.** 3.ed. São Paulo. Editora Atheneu. 720p. 1999.

TREVISAN, M.T. e MACEDO, F.V.V. Seleção de plantas com atividade anticolinesterase para tratamento da doença de Alzheimer. **Química Nova,** v.26 n.3 p.301-304. 2003.

WHITTON, B.A.; POTTS, M. **The Ecology Cyanobacteria: Their Diversity in Time and Space.** Dordrecht, The Netherlands. Kluwer Academic Publishers. 669p. 2000.

YOO, R.S.; CARMICHAEL, W.W.; HOEHN, R.C.; HRUDEY, S.E. **Cyanobacterial (Blue-Green Algal) Toxins: A Resource Guide. American Water Works Association** - Research Foundation, U.S.A. 229p. 1995.

YUNES, J.S.; CUNHA, N.T.; BARROS, L.P.; PROENÇA, L.A. O.; MONSERRAT, J.M. Cyanobacterial Neurotoxins from Southern Brazilian freshwaters. **Comments on Toxicology, v.9** n.103-115. 2003.

5
LEGISLAÇÃO

INTRODUÇÃO

O fenômeno das florações ou proliferações de cianobactérias em corpos de água continentais está ligado ao processo de degradação da qualidade dos mananciais hídricos e ao crescente problema da eutrofização.

Proliferações de cianobactérias no Brasil são reportadas desde pelo menos o século XIX (Nobre, 1997), mas se intensificaram nas últimas décadas do século XX.

Em 1978, Branco relatou que na cidade de Santa Maria, RS, uma represa de captação de água para abastecimento público sofria constantes florações de *Anabaena* sp. e que em 1977 uma dessas florações se mostrou tóxica para a população.

Há relatos de que no reservatório de Itaparica, BA, em 1988, ocorreu floração de cianobactérias, com posterior intoxicação de 200 pessoas, levando à morte de 88 pessoas, entre março e abril do mesmo ano (Schulze *et al.*, 2003).

Beyruth *et al.* (1992) relataram que uma floração de *Anabaena* cf. *solitaria*, no ano de 1991, foi relacionada a distúrbios gastrointestinais e hepáticos na população abastecida pelas águas do Guarapiranga, sendo o primeiro caso registrado na literatura científica de ocorrência de danos à saúde pública por cianobactérias em águas paulistas. A mesma autora citou que, em 1991, patos criados em um tanque do zoológico da cidade de São Paulo apareceram mortos após florações de *Microcystis aeruginosa*, sendo a toxicidade da floração constatada após bioensaios feitos em camundongos.

Entretanto, o caso mais marcante, talvez pela confirmação da presença de microcistinas, foi o de Caruaru, PE, em 1996, com a morte de 60 pacientes de uma clínica de hemodiálise (Azevedo, 1998).

Na década de 1990 e nos primeiros anos do século XXI, florações de cianobactérias foram detectadas em vários ambientes (rios, reservatórios, lagoas costeiras, estuários) e em praticamente todos os Estados do Amazonas ao Rio Grande do Sul (Castelo Branco, 1991; Domingos & Huszar, 1993; Gianesella-Galvão *et al.*, 1995; Salomon *et al.*, 1996; Oliveira *et al.*, 1998; Train, 1999; Giani *et al.*, 1999; Yunes *et al.*, 1994, 2003; Calijuri *et al.*, 2002; Sant'Anna *et al.*, 2004; Santos *et al.*, 2004).

Segundo Bittencourt-Oliveira (2000), em regiões tropicais e subtropicais, a associação de temperatura, intensidade luminosa e altas razões reprodutivas, juntamente com as estratégias adaptativas, favorecem a dominância de determinadas espécies de cianobactérias.

Segundo Calijuri *et al.* (2002), o padrão de variação dos períodos de estabilidade e mistura da coluna de água também é fator preponderante no aparecimento de florações.

Os mecanismos que favorecem a dominância das cianobactérias em sistemas aquáticos eutrofizados são:

a) habilidade de armazenar fósforo dentro das células, tornando-as capazes de realizar divisão celular quando o fósforo torna-se limitante;

b) fixação de nitrogênio atmosférico por várias espécies filamentosas formadoras de florações tóxicas, especialmente *Anabaena*, *Cilindrospermopsis* e *Aphanizomenon*; gêneros não heterocitados, como *Microcystis*, requerem condições eutróficas a hipereutróficas em relação a esse elemento químico para se tornarem dominantes;

c) habilidade de migrar na coluna de água graças à presença de aerótopos nas células, permitindo-lhes se posicionar melhor na zona eufótica.

Para Reynolds & Walsby (1975), a formação de florações de cianobactérias depende da coexistência de três fatores: população preexistente, proporção significativa de organismos com flutuabilidade positiva e estabilidade da coluna de água.

Em 1990, Shapiro apresentou seis hipóteses que, conjuntamente, explicariam a dominância de cianobactérias em sistemas aquáticos eutróficos e hipereutróficos:

1) **Temperatura da água**: as cianobactérias têm, em geral, temperaturas ótimas de desenvolvimento mais altas, superiores a 20°C, que as outras algas fitoplanctônicas.

2) **Luz**: as cianobactérias têm requerimentos luminosos mais baixos que os outros grupos do fitoplâncton. Isso se deve à presença de pigmentos acessórios, as ficobilinas, que proporcionam grande eficiência quanto à absorção de luz solar.

3) **Relação NT/PT**: as cianobactérias, fixadoras ou não de nitrogênio, são favorecidas pelas baixas razões NT/PT.

4) **Flutuabilidade**: algumas espécies de cianobactérias são capazes de regular sua flutuabilidade e, assim, podem se mover verticalmente em ambientes

estáveis, otimizando sua atividade fotossintética relacionada à disponibilidade vertical de nutrientes e energia luminosa.

5) **Pastagem pelo zooplâncton**: por várias razões (tamanho da colônia, envoltório gelationoso, toxicidade potencial), o zooplâncton alimenta-se de forma ineficaz das cianobactérias. Alimenta-se preferencialmente do fitoplâncton competidor, permitindo a proliferação das cianobactérias.

6) **Dióxido de carbono/pH**: as cianobactérias têm constantes de saturação baixas para assimilação de CO_2. Vencerão a competição com outros grupos fitoplanctônicos, principalmente as clorofíceas, em períodos de baixa disponibilidade de CO_2 (por exemplo, quando o pH é alto e o sistema CO_2 é dominado por íons bicarbonatos).

Uma sétima hipótese, que consiste na estratégia de armazenamento de fósforo, foi proposta por Petterson *et al.* (1993), que afirmam que as cianobactérias podem adquirir fósforo diretamente do sedimento.

Para Reynolds (1984), as colônias de Microcystis estabelecem-se no epilímnio, após o crescimento ter se iniciado em águas profundas e anóxicas. Essas populações se estabelecem após o ambiente ter se tornado térmica e quimicamente estratificado. Esta constatação foi corroborada por Calijuri *et al.* (1999) no reservatório de Salto Grande (SP) e por Calijuri & Dos Santos (1996) e Calijuri (1999) em Barra Bonita. Deve-se, ainda, ressaltar que a turbulência da coluna de água em várias escalas, magnitudes e duração é fator determinante no crescimento do fitoplâncton e, principalmente, na dominância de cianobactérias (Reynolds & Walsby, 1975; Paerl, 1988a; Calijuri, 1999; Calijuri *et al.*, 2002).

Espécies distintas respondem diferentemente a estímulos externos iguais, e a evolução ou coexistência das espécies é explicada em termos de maior eficiência ou adaptação de cada espécie a uma combinação de características ambientais. Pensando assim, pode-se dizer que as cianobactérias, no curso da evolução, foram extremamente eficientes em assimilar e responder aos distúrbios. Essa disposição ou potencial das cianobactérias para enfrentar os distúrbios, provavelmente, repousa nos processos de diversidade do potencial genético e da plasticidade comportamental e fisiológica.

Assim, torna-se extremamente necessário ampliar a compreensão dos processos que ocorrem nos sistemas aquáticos, a fim de propor cenários que auxiliem o manejo, visando à sustentabilidade dos recursos hídricos e à saúde da população.

LEGISLAÇÃO BRASILEIRA

A Constituição da República Federativa do Brasil, promulgada em 5 de outubro de 1988, estabelece competências quanto ao uso, proteção e gerenciamento das águas, porém, não estabeleceu procedimentos e responsabilidade, deixando esses assuntos para a legislação ordinária.

De modo geral, a Constituição de 1988 tem como pontos principais:

1. Define como bens da União corpos de água que banhem mais de um Estado, façam limites, nasçam ou desaguem em outros países, bem como seus terrenos marginais e praias fluviais (Capítulo II, artigo 20, inciso III).

2. Dá competência à União para instituir um sistema nacional de gerenciamento de recursos hídricos (Capítulo II, artigo 21, inciso XIX) e legislar sobre o uso das águas (Capítulo II, artigo 22, inciso IV).

3. Define a competência compartilhada entre União, Estado e Municípios no combate à poluição e na fiscalização e concessão do uso dos recursos hídricos (Capítulo II, artigo 23, incisos VI e XI) e legisla sobre a proteção do meio ambiente, controle da poluição e uso dos recursos naturais (Capítulo II, artigo 24, inciso VI).

4. As águas superficiais e subterrâneas são incluídas como bens dos Estados da federação (Capítulo III, artigo 26, inciso I).

5. Define a saúde como participante e parte integrante na formulação de políticas e na fiscalização do saneamento e qualidade de água para consumo (Capítulo VIII, Capítulo I, Seção II, incisos IV, V, VI e VIII).

Além desses incisos diretamente ligados à água, o capítulo do meio ambiente institui em seu artigo 225:

"Todos têm direito ao meio ambiente ecologicamente equilibrado, bem de uso comum do povo e essencial à sadia qualidade de vida, impondo-se ao Poder Público e à coletividade o dever de defendê-lo e preservá-lo para as presentes e futuras gerações."

Em 1981, a Política Nacional de Meio Ambiente (Lei nº 6.938) cria o sistema nacional de meio ambiente e determina que o CONAMA, assim como os órgãos colegiados dos Estados e municípios, podem determinar normas e padrões de qualidade e uso do meio ambiente.

Em 1997 é outorgada a Política Nacional de Recursos Hídricos que determina em seu artigo 1º:

"Art. 1º – A Política Nacional de Recursos Hídricos baseia-se nos seguintes fundamentos:

I – a água é um bem de domínio público;

II – a água é um recurso natural limitado, dotado de valor econômico;

III – em situações de escassez, o uso prioritário dos recursos hídricos é o consumo humano e a dessedentação de animais;

IV – a gestão dos recursos hídricos deve sempre proporcionar o uso múltiplo das águas;

V – a bacia hidrográfica é a unidade territorial para implementação da Política Nacional de Recursos Hídricos e atuação do Sistema Nacional de Gerenciamento de Recursos Hídricos;

VI – a gestão dos recursos hídricos deve ser descentralizada e contar com a participação do Poder Público, dos usuários e das comunidades."

Essa Lei determina que os padrões de qualidade da água e o enquadramento dos corpos de água são ferramentas de gerenciamento dos recursos hídricos.

O Decreto Federal 79.367 de 1977 já atribuía (antes da constituição de 1988) ao Ministério da Saúde a determinação de padrões de potabilidade de água. O MS publicou quatro normas de potabilidade desde 1977: a portaria 56Bsb/77, a portaria 36GM/1990, a portaria 1469/2000 e a 518 de 2004 (idêntica a 1469, porém, com prazo maior para adequação), que está atualmente em vigor.

Portaria 518/2004

A Portaria 518 de 2004 determina os procedimentos e responsabilidades relativas ao controle e vigilância da qualidade da água, assim como padrões de potabilidade.

Entre os avanços desta portaria encontram-se a descentralização da fiscalização, a visão sistêmica da qualidade da água, a definição clara de responsabilidades e a incorporação do monitoramento da ocorrência e densidade de cianobactérias e concentrações de cianotoxinas, tanto na água bruta quanto na tratada.

Já no artigo 2º, a norma institui a obrigatoriedade de monitoramento de cianobactérias e cianotoxinas:

"Art. 2º – Fica estabelecido o prazo máximo de 12 meses, contados a partir da publicação desta Portaria, para que as instituições ou órgãos aos quais esta Norma se aplica promovam as adequações necessárias a seu cumprimento, no que se refere ao tratamento por filtração de água para consumo humano suprida por manancial

superficial e distribuída por meio de canalização e da obrigação do monitoramento de cianobactérias e cianotoxinas."

No segundo capítulo (das definições), artigo 4º, a norma define cianobactéria e cianotoxina:

"X. cianobactérias – microorganismos procarióticos autotróficos, também denominados como cianofíceas (algas azuis), capazes de ocorrer em qualquer manancial superficial, especialmente naqueles com elevados níveis de nutrientes (nitrogênio e fósforo), podendo produzir toxinas com efeitos adversos à saúde; e

XI. cianotoxinas – toxinas produzidas por cianobactérias que apresentam efeitos adversos à saúde por ingestão oral, incluindo:

a) microcistinas – hepatotoxinas heptapeptídicas cíclicas produzidas por cianobactérias, com efeito potente de inibição de proteínas fosfatases dos tipos 1 e 2A e promotoras de tumores;

b) cilindrospermopsina – alcalóide guanidínico cíclico produzido por cianobactérias, inibidor de síntese protéica, predominantemente hepatotóxico, apresentando também efeitos citotóxicos nos rins, baço, coração e outros órgãos; e

c) saxitoxinas – grupo de alcalóides carbamatos neurotóxicos produzido por cianobactérias, não sulfatados (saxitoxinas) ou sulfatados (goniautoxinas e C-toxinas) e derivados decarbamil, apresentando efeitos de inibição da condução nervosa por bloqueio dos canais de sódio."

A norma não trata de outras cianotoxinas, como a anatoxina-a e a anatoxina-a (s), enfocando principalmente as cianotoxinas com efeito hepatotóxico.

No artigo 5º trata das responsabilidades do Ministério da Saúde:

"II – estabelecer as referências laboratoriais nacionais e regionais, para dar suporte às ações de maior complexidade na vigilância da qualidade da água para consumo humano;

III – aprovar e registrar as metodologias não contempladas nas referências citadas no artigo 17 desta Norma."

No artigo 8º define o responsável pelo monitoramento e controle da qualidade da água:

"Art. 8º – Cabe, aos responsáveis pela operação de sistema ou solução alternativa de abastecimento de água, exercer o controle da qualidade da água.

Parágrafo único. Em caso de administração, em regime de concessão ou permissão do sistema de abastecimento de água, é a concessionária ou a permissionária a responsável pelo controle da qualidade da água.

Art. 9º – Aos responsáveis pela operação de sistema de abastecimento de água incumbe:

I – operar e manter sistema de abastecimento de água potável para a população consumidora, em conformidade com as normas técnicas aplicáveis publicadas pela ABNT – Associação Brasileira de Normas Técnicas, e com outras normas e legislações pertinentes;

II – manter e controlar a qualidade da água produzida e distribuída, por meio de:

a) controle operacional das unidades de captação, adução, tratamento, reservação e distribuição;

b) exigência do controle de qualidade, por parte dos fabricantes de produtos químicos utilizados no tratamento da água e de materiais empregados na produção e distribuição que tenham contato com a água;

c) capacitação e atualização técnica dos profissionais encarregados da operação do sistema e do controle da qualidade da água; e

d) análises laboratoriais da água, em amostras provenientes das diversas partes que compõem o sistema de abastecimento.

III – manter avaliação sistemática do sistema de abastecimento de água, sob a perspectiva dos riscos à saúde, com base na ocupação da bacia contribuinte ao manancial, no histórico das características de suas águas, nas características físicas do sistema, nas práticas operacionais e na qualidade da água distribuída;

IV – encaminhar à autoridade de saúde pública, para fins de comprovação do atendimento a esta Norma, relatórios mensais com informações sobre o controle da qualidade da água, segundo modelo estabelecido pela referida autoridade;

V – promover, em conjunto com os órgãos ambientais e gestores de recursos hídricos, as ações cabíveis para a proteção do manancial de abastecimento e de sua bacia contribuinte, assim como efetuar controle das características das suas águas, nos termos do artigo 19 desta Norma, notificando imediatamente a autoridade de saúde pública sempre que houver indícios de risco à saúde ou sempre que amostras coletadas apresentarem resultados em desacordo com os limites ou condições da respectiva classe de enquadramento, conforme definido na legislação específica vigente."

O padrão para microcistina em água de abastecimento (potabilidade) é definido no artigo 14, juntamente com outros parâmetros físicos e químicos. O padrão definido pela norma é de 1 μg.L^{-1}.

Aparentemente, esta concentração foi definida a partir dos padrões elaborados pela Organização Mundial de Saúde (WHO).

A WHO (1998), em seu padrão para qualidade de água potável, baseou a concentração 1 μg.L^{-1} em um trabalho de 1994 com estudo em longo prazo (13 semanas) de toxicidade de microcistina-LR realizado por Fawell *et al.* (1994). Nesse trabalho, os autores chegaram a um nível de efeito adverso não observável de 40 μg.kg^{-1} de peso corpóreo por dia.

Com esse dado (40 μg.kg^{-1} de peso corpóreo por dia), a WHO calculou absorção diária tolerável (Tolerable Daily Intake – TDI) de 0,04 μg.kg^{-1} de peso corpóreo por dia, utilizando índice de incerteza de 1000, sendo 100 pela variação interespécies e 10 pelas limitações da base de dados para toxicidade crônica e carcinogênese. Sobre esse fator ainda foi acrescido 0,80 em função da fonte de exposição.

O padrão resultante para microcistina-LR (livre de células) é de 1 μg.L^{-1} (arredondado) para água potável. Apesar de afirmar que esse padrão é suportado por outro trabalho semelhante com exposição durante 44 dias em porcos (Falconer *et al.*, 1994), o trabalho da WHO (1998) afirma que esste padrão é provisório, pois a base de dados é limitada e o padrão é somente para microcistina-LR.

Na portaria 518, o padrão não é definido somente para microcistina-LR e sim para qualquer tipo de microcistina.

No parágrafo 1º recomendam-se padrões para cilindrospermopsina e saxitoxinas:

"§ 1º – Recomenda-se que as análises para cianotoxinas incluam a determinação de cilindrospermopsina e saxitoxinas (STX), observando, respectivamente, os valores-limite de 15,0 µg/L e 3,0 µg/L de equivalentes STX/L."

O artigo 17 define as metodologias analíticas para determinação dos parâmetros e determina que é necessária a aprovação do Ministério da Saúde para metodologias não definidas e que os laboratórios mantidos pelas concencionárias deverão ser certificados:

"Art. 17 – As metodologias analíticas para determinação dos parâmetros físicos, químicos, microbiológicos e de radioatividade devem atender às especificações das normas nacionais que disciplinem a matéria, da edição mais recente da publicação Standard Methods for the Examination of Water and Wastewater, de autoria das instituições American Public Health Association (APHA), American Water Works Association (AWWA) e Water Environment Federation (WEF), ou das normas publicadas pela ISO (International Standártization Organization).

§ 1º – Para análise de cianobactérias e cianotoxinas e comprovação de toxicidade por bioensaios em camundongos, até o estabelecimento de especificações em normas nacionais ou internacionais que disciplinem a matéria, devem ser adotadas as metodologias propostas pela Organização Mundial da Saúde (OMS) em sua publicação Toxic cyanobacteria in water: a guide to their public health consequences, monitoring and management.

§ 2º – Metodologias não contempladas nas referências citadas no § 1º e 'caput' deste artigo, aplicáveis aos parâmetros estabelecidos nesta Norma, devem, para ter validade, receber aprovação e registro pelo Ministério da Saúde.

§ 3º – As análises laboratoriais para o controle e a vigilância da qualidade da água podem ser realizadas em laboratório próprio ou não, que, em qualquer caso, deve manter programa de controle de qualidade interna ou externa ou ainda ser acreditado ou certificado por órgãos competentes para esse fim."

O artigo 18 trata dos planos de amostragem e determina:

"Art. 18 – Os responsáveis pelo controle da qualidade da água de sistema ou solução alternativa de abastecimento de água devem elaborar e aprovar, junto à autoridade de saúde pública, o plano de amostragem de cada sistema, respeitando os planos mínimos de amostragem expressos nos Quadros 5, 6:

§ 5º – Sempre que o número de cianobactérias na água do manancial, no ponto de captação, exceder 20.000 células.ml^{-1} (2 mm^3.L^{-1} de biovolume), durante o monitoramento que trata § 3º do artigo 19, será exigida a análise semanal de cianotoxinas na água de saída do tratamento e nas entradas (hidrômetros das clínicas de hemodiálise e indústrias de injetáveis), sendo que esta análise pode ser dispensada quando não houver comprovação de toxicidade na água bruta por meio da realização semanal de bioensaios em camundongos."

Segundo as tabelas constantes na portaria, o monitoramento de cianobactérias deve ser feito na saída do sistema de tratamento somente quando a concentração de células alcançar 20.000 células.ml^{-1}, ou o equivalente em biovolume, no manacial. Nesse caso, as amostragens e a determinação de cianotoxina devem ser feitas semanalmente em uma única amostra, somente dispensada no caso de o controle da água bruta por meio de testes de toxicidade em camundongos não apresentar toxicidade.

O cumprimento desta norma exige que os concessionários de captação e distribuição de água potável tenham à disposição pessoal especializado, tanto na identificação de cianobactérias como na contagem de células. Hoje, há poucos profissionais com conhecimento técnico especializado e disponível para essa tarefa.

Além disso, a metodologia para essa identificação e contagem também deve ser padronizada, a fim de evitar sub ou superestimações da concentração de células de cianobactérias.

Talvez a substituição desse limite por concentrações de clorofila-a seja mais viável, pois trata-se de um método químico mais facilmente padronizável.

Após o monitoramento da presença de células, o monitoramento de cianotoxinas, seja por meio de bioensaios, seja por meio de análises químicas, envolve pessoal especializado, laboratórios bem equipados e altos custos, condições estas não encontradas na maioria das concessionárias.

Se o cumprimento do padrão para microcistinas já é uma tarefa difícil para a maioria das concecionárias, o cumprimento da recomendação do parágrafo 1º do artigo 14, que trata de padrões de saxitoxinas e cilindrospermopsinas, é ainda mais complicado, pois a metodologia de análise dessas cianotoxinas ainda não está padronizada e a maioria das pesquisas utiliza apenas o HPLC como metodologia de determinação e quantificação.

O artigo 19 determina a responsabilidade e a forma de monitoramento dos mananciais de água, determinando limite de 10.000 células.ml^{-1} para a redução da freqüência mensal para semanal de amostragem:

"Art. 19 – Os responsáveis pelo controle da qualidade da água de sistemas e de soluções alternativas de abastecimento supridos por manancial superficial devem coletar amostras semestrais da água bruta, junto do ponto de captação, para análise de acordo com os parâmetros exigidos na legislação vigente de classificação e enquadramento de águas superficiais, avaliando a compatibilidade entre as características da água bruta e o tipo de tratamento existente.

§ 1º – O monitoramento de cianobactérias na água do manancial, no ponto de captação, deve obedecer a freqüência mensal, quando o número de cianobactérias não exceder 10.000 células/ml (ou 1 mm³/L de biovolume), ou semanal, quando o número de cianobactérias exceder este valor.

§ 2º – É vedado o uso de algicidas para o controle do crescimento de cianobactérias ou qualquer intervenção no manancial que provoque a lise das células desses microrganismos, quando a densidade das cianobactérias exceder 20.000 células/ml (ou 2 mm³/L de biovolume), sob pena de comprometimento da avaliação de riscos à saúde associados às cianotoxinas."

No capítulo VIII, disposições finais, a portaria cria mecanismos de controle e avaliação dos planos de monitoramento e abre brechas para a redução da freqüência de amostragens, além de também indicar critérios para o aumento dessas freqüências. O fluxograma do processo de monitoramento determinado na Norma 518/06 pode ser observado na Figura 5.1.

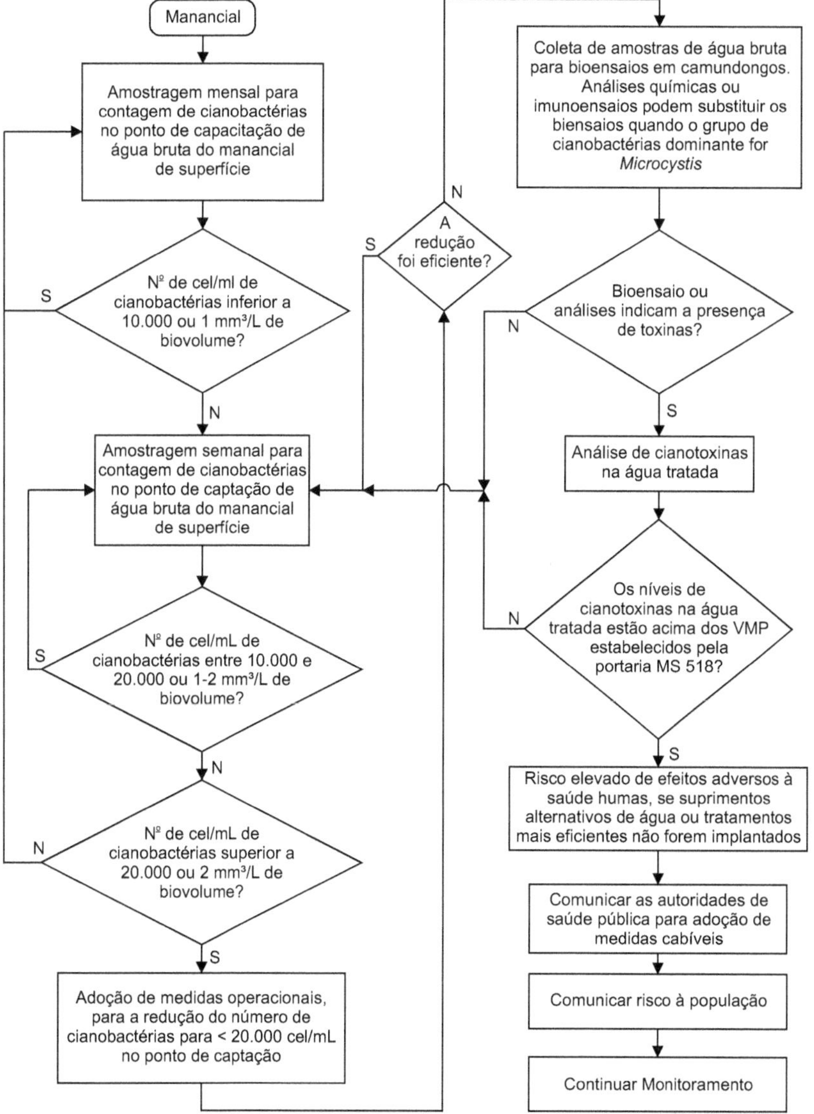

Figura 5.1   Fluxograma do monitoramento de cianobactérias e cianotoxinas determinado pela Norma 518/2004 (Brasil, 2005, modificado).

Resolução CONAMA 357/2005

A resolução do CONAMA (Conselho Nacional de Meio Ambiente) 357 de 2005 substituiu a resolução CONAMA 20/86 e dispõe:

"Sobre a classificação e diretrizes ambientais para o enquadramento dos corpos de água superficiais, bem como estabelece as condições e padrões de lançamento de efluentes."

Esta resolução separa as águas doces, salobras e salgadas do território nacional em classes de uso conforme definido no seu artigo 3º:

"Art. 3º – As águas doces, salobras e salinas do Território Nacional são classificadas, segundo a qualidade requerida para os seus usos preponderantes, em treze classes de qualidade.

Parágrafo único. As águas de melhor qualidade podem ser aproveitadas em uso menos exigente, desde que este não prejudique a qualidade da água, atendidos outros requisitos pertinentes."

O artigo 4º da seção 1 classifica as águas doces conforme seus usos predominantes:

"Art. 4º – As águas doces são classificadas em:

I – classe especial: águas destinadas:

a) ao abastecimento para consumo humano, com desinfecção;

b) à preservação do equilíbrio natural das comunidades aquáticas; e

c) à preservação dos ambientes aquáticos em unidades de conservação de proteção integral.

II – classe 1: águas que podem ser destinadas:

a) ao abastecimento para consumo humano, após tratamento simplificado;

b) à proteção das comunidades aquáticas;

c) à recreação de contato primário, tais como natação, esqui aquático e mergulho, conforme Resolução CONAMA nº 274, de 2000;

d) à irrigação de hortaliças que são consumidas cruas e de frutas que se desenvolvam rentes ao solo e que sejam ingeridas cruas sem remoção de película; e

e) à proteção das comunidades aquáticas em Terras Indígenas.

III – classe 2: águas que podem ser destinadas:

a) ao abastecimento para consumo humano, após tratamento convencional;

b) à proteção das comunidades aquáticas;

c) à recreação de contato primário, tais como natação, esqui aquático e mergulho, conforme Resolução CONAMA nº 274, de 2000;

d) à irrigação de hortaliças, plantas frutíferas e de parques, jardins, campos de esporte e lazer, com os quais o público possa vir a ter contato direto; e

e) à aqüicultura e à atividade de pesca.

IV – classe 3: águas que podem ser destinadas:

a) ao abastecimento para consumo humano, após tratamento convencional ou avançado;

b) à irrigação de culturas arbóreas, cerealíferas e forrageiras;

c) à pesca amadora;

d) à recreação de contato secundário; e

e) à dessedentação de animais.

V – classe 4: águas que podem ser destinadas:

a) à navegação; e

b) à harmonia paisagística."

A resolução CONAMA 274 de 2000 define padrões de balneabilidade e para isso utiliza somente concentrações de coliformes fecais (termotolerantes) *Escherichia coli* e enterococos.

No artigo 8º, a norma determina que a responsabilidade do monitoramento dos parâmetros de enquadramento nos corpos de água é do poder público.

A classe especial deverá ser mantida em condições naturais, sem alteração na qualidade. Para as outras classes são instituídos padrões de qualidade. Não há padrões para concentração de microcistinas ou cianotoxinas, porém, há obrigatoriedade de não ser registrado efeito crônico através de bioensaios padronizados.

Apesar de não haver padrões de cianotoxinas, há padrões para clorofila e concentração de células ou biovolume. Na Tabela 5.1. encontram-se os padrões para as classes I a III. Para a classe IV não há padrões para cianobactérias e concentração de clorofila.

Para águas salobras e salgadas não há padrões para cianobactérias ou clorofila, porém, há necessidade de controle a partir do uso de bioensaios toxicológicos agudos e crônicos.

A norma também determina que o lançamento de efluentes nunca ultrapasse os valores estabelelcidos em cada classe e, ainda, no parágrafo 1º do artigo 34:

"*§ 1º – O efluente não deverá causar ou possuir potencial para causar efeitos tóxicos aos organismos aquáticos no corpo receptor, de acordo com os critérios de toxicidade estabelecidos pelo órgão ambiental competente.*

§ 2º – Os critérios de toxicidade previstos no § 1º devem se basear em resultados de ensaios ecotoxicológicos padronizados, utilizando organismos aquáticos, e realizados no efluente."

Tabela 5.1 Padrões de células de cianobactéria (cel.ml^{-1}), biovolume (mm^3.L) e concentração de clorofila (μg.L^{-1}) nas classes I a III de águas doces da resolução CONAMA 357/2005.

Classes	Células de cianobactérias (cel.ml^{-1})	Biovolume (mm^3.L)	Concentração de clorofila (μg.L^{-1})
Classe I	20.000	2	10
Classe II	50.000	5	30
Classe III	100.000	10	60

No capítulo IV (disposições finais e transitórias), a resolução ainda determina:

"*Art. 40 – No caso de abastecimento para consumo humano, sem prejuízo do disposto nesta Resolução, deverão ser observadas as normas específicas sobre qualidade da água e padrões de potabilidade (Portaria 518/04).*

Art. 41 – Os métodos de coleta e de análises de águas são os especificados em normas técnicas cientificamente reconhecidas.

Art. 42 – Enquanto não aprovados os respectivos enquadramentos, as águas doces serão consideradas classe 2, as salinas e salobras, classe 1, exceto se as condições de qualidade atuais forem melhores, o que determinará a aplicação da classe mais rigorosa correspondente."

A publicação de normas técnicas (art. 41) ou a padronização das metodologias de coleta, preservação de amostras e determinações laboratoriais não ocorreram. Esse desenvolvimento de normas padronizadas deveria ser prioridade, ainda mais para alguns parâmetros como clorofila e contagem de células de cianobactérias.

Assim como não foram publicados enquadramentos, a grande maioria dos corpos de água do Brasil é considerada classe II (dois) (art. 42) tanto para fins de uso como para emissão de efluentes.

Apesar dos avanços da Resolução CONAMA 357/05, se comparada à Resolução CONAMA 20/86, principalmente na inclusão de parâmetros mais refinados e na descentralização da fiscalização, boa parte da implantação ainda precisa ser feita, como o enquadramento e a elaboração de normas técnicas.

CONSIDERAÇÕES FINAIS

Os registros de florações de cianobactérias potencialmente tóxicas no Brasil cresceram significativamente nos últimos 15 anos. Entretanto, a maior freqüência dos casos é verificada no Estado do Rio Grande do Sul, fato que, provavelmente, se deve à grande quantidade de trabalhos científicos na região.

Os fatores apontados como causadores desse fenômeno, de grande impacto do ponto de vista socioeconômico, são: o aporte de carga orgânica e o aumento da concentração de nutrientes (principalmente N e P) nas águas e a carência, na maioria dos centros urbanos, de estações de tratamento de esgoto (ETE).

Avaliar a ocorrência e os efeitos dessas florações em um país como o Brasil constitui tarefa difícil e complexa, em razão de seu tamanho, pois apresenta diversidade substancial de ecossistemas e de climas, falta de um centro de informações eficientes na detecção de florações potencialmente tóxicas e o cumprimento da legislação responsabilizando os causadores das alterações nos sistemas aquáticos, principalmente nas águas continentais, que abastecem a população em seus usos mais nobres.

Como o desconhecimento é grande em relação ao controle de florações de cianobactérias, as medidas utilizadas pelos operadores das estações de tratamento de água (ETA) podem contribuir para o aumento das concentrações de ciano-toxinas na água de abastecimento.

O uso de algicidas como o sulfato de cobre (apesar de proibido pela Portaria 518/04) ou o peróxido de hidrogênio, ou mesmo o cloro como desinfectante, pode levar à lise de células de cianobactérias e à liberação de toxinas, com risco à saúde pública.

Esta interação com métodos convencionais de tratamento de água tem levado à busca constante de metodologias para a remoção de cianobactérias e cianotoxinas nas ETA, numa tentativa de evitar o sintoma (cianotoxina) sem combater a causa (eutrofização).

As técnicas que estão sendo desenvolvidas para retirada de cianotoxinas das águas são: filtros de carvão ativado em pó (mais eficiente na remoção de microcistina-LR do que de anatoxina-a) ou granulado (mais eficiente na remoção de anatoxina-a do que de microcistina-LR); ozonização em águas filtradas; adição de permanganato de potássio em águas filtradas; e aplicação de radiação ultravioleta em doses mais elevadas que as usadas para desinfecção e cloração para atingir pH 5, o que remove microcistina-LR e não modifica o teor de anatoxina-a (Carlile, 1994; Newcombe *et al.*, 2003). Um resumo dessas técnicas pode ser visto na Tabela 5.2.

Tabela 5.2 Desempenho de algumas técnicas de tratamento para remoção de cianotoxinas.

Técnica de tratamento	Expectativa de células preservadas	Expectativa de remoção de toxina extracelular	Comentários
Coagulação/sedimentação/flotação por ar dissolvido	>80%	<10%	Remove apenas a toxina contida na célula
Precipitação/sedimentação	>90%	<10%	Remove apenas a toxina contida na célula
Filtração rápida	>60%	<10%	Remove apenas a toxina contida na célula
Filtração lenta em areia	~99%	provavelmente significativa	A eficiência para microcistina dissolvida depende do biofilme e do comprimento do filtro
Coagulação/sedimentação/filtração combinadas	>90%	<10%	Remove apenas a toxina contida na célula
Flotação por ar dissolvido	>90%	Não avaliada, provavelmente baixa	Remove apenas a toxina contida na célula
Adsorção (PAC)[1]	insignificante	>85%	Para doses adequadas (>20 mg.L^{-1}), a competição COD[2] reduz a capacidade
Adsorção (GAC)[3]	>60%	>80%	A competição COD reduz a capacidade e acelera a quebra, remove as células
Carvão ativado granular biológico	>60%	>90%	A atividade biológica aumenta a eficiência de remoção
Pré-ozonização	aumenta coagulação	aumento potencial	Utilizada em dosagens baixas, risco de liberar a toxina
Pré-cloração	aumenta coagulação	causa lise e libera metabólitos	Aplicável para cianobactérias tóxicas apenas se o tratamento subseqüente remover as toxinas dissolvidas
Ozonização (pós-clarificação)	–	>98%	Rápido e eficiente para toxinas solúveis
Cloro livre (pós-filtração)	–	>80%	Efetivo >0,5 mg.L^{-1} após 30 minutos a pH < 8 e baixo COD
Cloramina	–	insignificante	Ineficiente
Dióxido de cloro	–	insignificante	Não efetivo com doses usadas em tratamento de água para abastecimento

Tabela 5.2 Desempenho de algumas técnicas de tratamento para remoção de cianotoxinas (*continuação*).

Técnica de tratamento	Expectativa de células preservadas	Expectativa de remoção de toxina extracelular	Comentários
Permanganato de potássio	–	95%	Efetivo sobre toxina solúvel, mas apenas na ausência de células completas
Peróxido de hidrogênio	–	insignificante	Não efetivo
Radiação UV	–	insignificante	Capaz de degradar microcistina-LR e anatoxina-a, mas apenas em doses impraticavelmente altas
Processos de membranas	>99%	incerto	Depende do tipo de membrana

(1) PAC – carvão ativo em pó. (2) COD – carbono orgânico dissolvido. (3) GAC – carvão ativo granulado.
Fonte: Hrudey *et al.* (1999).

Embora no Brasil haja poucos registros de vítimas humanas em função da ocorrência de cianobactérias, os registros de que se tem conhecimento são drásticos, como os que aconteceram em 1963, na cidade de Tamandaré, Pernambuco, e em 1988, no reservatório de Itaparica, Bahia. Entretanto, o caso mais grave e que despertou o interesse da comunidade científica – o que é possível avaliar pela quantidade de trabalhos produzidos depois dessa data no Brasil – foi o de Caruaru, Pernambuco, em 1995.

Apesar de extremo, o caso de Caruaru foi importante para o levantamento de alguns pontos que merecem atenção:

- ✓ a água como sendo meio de veiculação de toxinas letais;
- ✓ a falta de profissionais preparados para a identificação dos microrganismos (tarefa difícil, ainda mais quando se trata de cianobactérias);
- ✓ a carência de laboratórios especializados em análises de cianotoxinas;
- ✓ a ausência de legislação realmente punitiva e específica.

A Portaria nº 518/04, do Ministério da Saúde, e a Norma 357/05, do Conselho Nacional de Meio Ambiente, estabeleceram os procedimentos e as responsabilidades relativas ao controle e vigilância da qualidade da água, padrões de potabilidade, concentrações máximas de algumas cianotoxinas e número de células de cianobactérias, mas, na prática, parte dessa normatização ainda não é seguida.

Os problemas ambientais de saúde pública causados pelas florações são grandes e sua previsão ainda é difícil. Costuma-se fazer o monitoramento das áreas com florações por meio da contagem celular e identificação pela microscopia, o que acaba sendo ineficiente, pois as cepas tóxicas e não tóxicas coexistem.

O ideal parece ser a detecção precoce das cepas tóxicas, antes que as florações se instalem, e uma alternativa poderia ser a utilização de técnicas de biologia molecular, como a reação de cadeia da polimerase (PCR), que usa oligonucleotídeos iniciadores específicos para as seqüências de genes envolvidos na produção de cianotoxinas.

No Brasil, o uso de marcadores em algas e cianobactérias é recente, e vários são os desafios impostos para a sua execução em escala, como: formação de centros de pesquisas e treinamentos; adaptação das técnicas existentes para os organismos em questão; padronização dos marcadores e desenvolvimento de novas técnicas (Oliveira, 1998). Mesmo as técnicas de detecção que são exigidas pela Portaria do Ministério da Saúde têm dificuldades de ser implantadas, portanto, as técnicas biomoleculares são um procedimento para o futuro.

Algumas alternativas, levando-se em conta as características regionais-financeiras, poderiam ser adotadas:

✓ Convênios com centros de pesquisas (universidades, organizações governamentais e particulares) que trabalhem com tecnologia para tratamento do esgoto.

✓ Formação de profissionais preparados para identificação e classificação das espécies de cianobactérias potencialmente tóxicas.

✓ O uso de sensoriamento remoto (aerolevantamento) na identificação de ocorrências de florações de cianobactérias.

✓ O desenvolvimento de estratégias eficientes no gerenciamento de lagos, represas e reservatórios (por meio de treinamento de gerentes e administradores), por intermédio dos Comitês de Bacias.

✓ Educação ambiental, buscando a conscientização da população sobre a problemática da água e os impactos causados por atividades antrópicas. Dessa maneira, poderá haver a formação de espírito crítico, que pressionaria os órgãos governamentais na busca por soluções.

Outro importante ponto da legislação que deveria ser seguido é a divulgação de forma aberta e sistemática dos dados de qualidade de água numa linguagem direta e acessível a toda a população.

Na determinação de padrões de células de cianobactérias e cianotoxinas, um banco de dados deveria ser formado para tornar esses padrões mais próximos da necessidade, levando em conta não somente concentrações individuais, mas também o risco para população e ecossistemas em função das condições locais.

Segundo Zagatto & Aragão (1997), a Cetesb realizou estudos com camundongos (bioensaios), a fim de analisar o limite máximo admissível (LMA) de alguns organismos em água bruta, como pode ser visto na Tabela 5.3; entretanto, os mesmos não constaram da Portaria nº 1469 de 2000 e não constam da nº 518 de 2004.

Tabela 5.3 Espécies de cianobactérias e seus limites máximos admissíveis (LMA) em água bruta.

Espécies	DL_{50}; 24 h (mg/kg)	LMA (mg/L)	LMA em nº de células ou filamentos/ml
Cylindrospermopsis raciborskii	12,1	0,175	450
Microcystis aeruginosa	35,3	0,875	*195.000
Phormidium sp.	545,6	8,75	250.000
Oscillatoria limnetica	707,1	8,75	350.000
Oscillatoria quadripunctulada	742,7	8,75	130.000
Oscillatoria amphibia	687,4	8,75	–
Microcystis incerta	496,8	1,75	–

*Células. *Fonte:* Zagatto & Aragão (1997).

No entanto, é impossível negar que nos últimos anos tem-se observado aumento potencial nas pesquisas realizadas nas universidades e esforço na capacitação de pessoal (biólogos, químicos, ecólogos) para o trabalho com cianobactérias. Além dos cursos de pós-graduação, muitos encontros científicos são realizados com o intuito de discutir e propor soluções para esse problema.

Além disso, em todo o mundo, pesquisadores vêm propondo estratégias para o manejo de ecossistemas aquáticos que englobam medidas de controle de florações de cianobactérias.

Para o manejo das florações, a caracterização da bacia hidrográfica, observando o uso e ocupação do solo (matas e florestas; agricultura e localização de centros urbanos), é imprescindível. A partir disso, o gerenciamento e controle das florações pode ser de caráter preventivo ou corretivo, sendo o preventivo o caminho mais desejável, pois evita alterações das características organolépticas, produção e liberação de compostos tóxicos. No entanto, nenhuma técnica de prevenção é simples. Assim, a escolha do melhor método deverá ser feita após estudo sobre as variáveis físicas, químicas e biológicas que atuam sinergística e antagonisticamente no sistema aquático em questão.

As metodologias corretivas são muito mais caras e de sucesso relativo, enquanto a prevenção, principalmente a redução da entrada de nutrientes e o controle da eutrofização cultural, além de mais barata, é a mais efetiva em longo prazo. O poder público deveria investir na redução do aporte de nutrientes nas águas, para diminuir a ocorrência de florações de cianobactérias através do controle de fontes pontuais, como esgoto doméstico e efluentes industriais, e não pontuais, como o arraste, pela chuva, dos fertilizantes de áreas de agricultura.

O desenvolvimento levando em conta a sustentabilidade é a única forma segura de preservar a qualidade de água para seus usos mais nobres, pois as características sanitárias dos ecossistemas aquáticos são os produtos finais dos processos desenvolvidos nas bacias hidrográficas.

Bibliografia Recomendada

AZEVEDO, S.M.F.O. Toxinas de cianobactérias: causas e conseqüências para a Saúde Pública. *Medicina On Line*, v.1, Ano 1, n. 3. Jul/Ago/Set. 1998.

BEYRUTH, Z.; SANT'ANNA, C.L.; AZEVEDO, M.T.P.; CARVALHO, M.C.; PEREIRA, H.A.S.L. Toxic algae in freswaters of São Paulo State. In: CORDEIRO-MARINHO, M.; AZEVEDO, M. T. P.; SANT'ANNA, C. L.; TOMITA, N. Y. & PLASTINO, E. M. **Algae and Environment: a general approach**. SBFic/CETESB. p. 53-64. 1992.

BITTENCOURT-OLIVEIRA, M.C. (2000). Development of Microcystis aeruginosa (Kützing). Kützing (Cyanophyceae/Cyanobacteria) under cultivation and its taxonomic implications. **Algolog. Stud**. V.99 p.29-37. 2000.

BITTENCOURT-OLIVEIRA, M.C., OLIVEIRA M.C., YUNES, J.S. Cianobactérias Tóxicas: O uso de marcadores moleculares para avaliar a diversidade genética. **Biotecnologia Ciência & Desenvolvimento** nº23. novembro/dezembro 2001.

BRANCO, S.M. **Hidrobiologia aplicada à engenharia sanitária**. 2.ed. São Paulo: Companhia de Saneamento Ambiental. 620 p. 1978.

BRASIL. **Portaria nº1.469 de 29 de dezembro de 2000: aprova o controle e vigilância da qualidade da água para consumo humano e seu padrão de potabilidade**. Brasília: Fundação Nacional de Saúde, 2001. 32p. 2001.

BRASIL. **Portaria nº518 de 25 de Março de 2004**. Brasília: Ministério da Saúde. 21p. 2004.

BRASIL. **Comentários sobre a portaria MS 518/2004 subsídeos para implementação**. Barsilia Ministério da Saúde. Coordenação Geral de Saúde Ambiental. 92p. 2005.

CALIJURI, M.C. **A comunidade fitoplanctônica em um Reservatório Tropical (Barra Bonita, SP)**. Tese de Livre-Docência. Departamento de Hidráulica e Saneamento, EESC-USP. São Carlos. 211p. 1999.

CALIJURI, M.C.; DOS SANTOS, A.C.A. Short-term changes in the Barra Bonita reservoir (São Paulo, Brazil): emphasis on the phytoplankton communities. **Hydrobiologia**, v.330, p.163-175. 1996.

CALIJURI, M.C.; DEBERDT, G.L. B.; MINOTI, R. A produtividade primária pelo phytoplankton na Represa de Salto Grande (Americana-SP). In Henry, R. (ed.), **Ecologia de Reservatórios: Estrutura, Função e Aspectos Sociais**. FAPESP, FUNABIO. p. 109-148. 1999.

CALIJURI, M.C.; DOS SANTOS, A.C.A.; JATI, S. Temporal changes in the phytoplankton community structure in a tropical and eutrophic reservoir (Barra Bonita, SP – Brazil. **Journal Plankton Research**. V. 24, nº7. p. 617-634. 2002.

CARLILE, P.R. Futher studies to investigate microcystin-LR and anatoxin-a removal from water. april. **Report nº FR0458**. Disponível em: http://www.fwr.org/waterq/fr458.htm. Acesso em 12 dez. 2004.

CASTELO BRANCO, C.W. A comunidade planctônica e a qualidade da água no Lago Paranoá, Brasília-DF, Brasil. Mestrado. Brasília (DF). Universidade de Brasília. 340 p. 1991.

CONSELHO NACIONAL DE MEIO AMBIENTE – CONAMA. **Resolução Nº 357 de 17 de Março de 2005**. Brasília. 2005.

DOMINGOS, P. e HUSZAR, V.L. de M. Efeitos imediatos em um evento de mortandade maciça de peixes sobre a comunidade fitoplanctônica dominada por CYANOPHYCEAE em uma lagoa costeira, (RJ). **VI Reunião Braisleira de Ficologia**. **Brasil**: Tramandaí/Imbé, RS. V.1, 1p. 1993.

GIANI, A.; FIGUEREDO, C.C; ETEROVICK, P.C. Algas planctônicas do reservatório da Pampulha (MG): Euglenophyta, Crysophyta, Pyrrophyta, Cyanobacteria. **Rev. Brasileira de Botânica**. v. 22, nº 2. São Paulo. 22 p. 1999.

GIANESELLA-GALVÃO, S.M.F; COSTA, M.P. de F.; KUTNER, M.B.B. **Bloom of Oscillatoria (Trichodesmium) erythraea (Ehr) Kutz in coastal waters of Southwest Atlantic**. Inst. Oceanogr. São Paulo. 11. p 133-140. 1995.

HRUDEY, S.; BURCH, M.; DRIKAS, M.;GREGORY, R. Remedial Measures. In: Chorus, I. & Bartram (ed.) – **Toxic Cyanobacteria in Water: a guide to their public health consequences, monitoring and management**. World Health Organization, London and New York, p. 275-312. 1999.

NEWCOMBE, G.; COOK, D.; BROOKE, S.H.O.L.; SLYMAN, N. Treatment options for microcystin toxins: similarities and differences between variants. **Environmental Technology**. v. 24. n. 3. 28p. 2003.

NOBRE, M.M.Z. de A. **Deteção de Toxinas (Microcistinas) Produzidas por Cianobactérias (Algas Azuis) em Represas pra Abastecimento Pùblico, pelo Método de Imunoadsorção Ligado à Enzima (ELISA) e Identificação Química**. Tese (doutorado) - Universidade de São Paulo. Faculdade de Ciências Farmacêuticas. Programa de Pós-Graduação em Toxicologia. São Paulo. p154. 1997.

OLIVEIRA, M.C. O uso de marcadores moleculares no estudo de biodiversidade. Congresso Latino-Americano de Ficologia. **Anais IV Congresso Latino-Americano de Ficologia**. São Paulo: Sociedade Ficologia da América Latina e Caribe. v.1. p. 179-186. 1998.

OLIVEIRA, A.C.P.; SOARES, R.M.; COSTA, S.M. e AZEVEDO, S.M.F.O. Ocorrência de cianotoxinas em reservatórios de abastecimento público do Brasil. Resumo. Anais: Perspectivas da Ecotoxicologia no Brasil. Itajaí. Santa Catarina. **5º ECOTOX – Encontro Brasileiro de Ecotoxicologia. 1º COBAN- Colóquio Brasileiro de Algas Nocivas**. p 67. 1998.

PETTERSON, A; HALLBON, L.; BERGMAN, B. Aluminum effects on uptake and metabolism of phosphorus by cyanobacterium Anabaena cylindrica. **Plant Physiol**. V.86 p.112-116. 1993.

REYNOLDS, C.S. **The ecology of freshwater phytoplankton**. Cambridge studies in ecology. Cambridge University Press. London, p 384. 1984.

REYNOLDS, C.S.: WALSBY A.E. Cyanobacterial Water Blooms. **Biolog. Rev**. n.50, p.437-481. 1975.

SALOMON, P.S.; YUNES, J.S.; PARISE, M.; COUSIN, J.C.B. Toxicidade de um extrato de Microscystis aeruginosa da Lagoa dos Patos sobre camundongos e suas alterações hepáticas. **Vitalle**, Rio Grande, n. 8, p. 23-32. 1996.

SANT'ANNA, C.L.; AZEVEDO, M.T. de P.; SENNA, P.A.C.; KOMÁREK, J.; KOMÁRKOVÁ, J. Planktic Cyanobacteria from São Paulo State, Brazil: Chroococcales. **Revista Brasil. Biol.**, vol. 27, nº2, p. 213-227. 2004.

SANTOS, K.R. de S.; SAKOMOTO, A.Y.; NETO, M.J.; BARBEIRO, L.; QUEROZ NETO, J.P. de. Ficoflora do Pantanal da Nhecolândia, MS, Brasil: um levantamento preliminar em três lagoas salinas e uma salitrada. **IV Simpósio sobre Recursos Naturais e Sócio-econômicos do Pantanal.** Corumbá/MS. SIMPAN. 7p. 2004.

SCHULZE, E.; SCHUBERT, L.B.; CABALLI, V.; PACHECO, M.R. **Reconhecimento de algas e contagem de células e cianofíceas nos mananciais que abastecem as Etas do SAMAE de Blumenau.** SAMAE- Blumenau-SC. 27p. 2003.

SIVONEN, K.; JONES, G. **Cyanobacterial toxins em CHORUS, I. & BARTRAM, J. (editores). Toxic Cyanobacteria in Water: A guide to their Public Health – Consequences, Monitoring and Management.** Londres: E. & F.N. Spon. p. 42-111. 1999.

TRAIN, S. **Flutuações temporais da comunidade fitoplanctônica do sub-sistema Rio Baía- Lagoa do Guaraná, planície de inundação do Alto Paraná (Bataiporã, Mato Grosso do Sul).** Tese Doutorado- Universidade de São Paulo, Escola de Engenharia de São Carlos.189 p. 1998.

YOO, R.S.; CARMICHAEL, W.W.; HOEHN, R.C.; HRUDEY, S.E. **Cyanobacterial (Blue-Green Algal) Toxins: A Resource Guide. American Water Works Association** - Research Foundation, U.S.A. 229p. 1995.

ZAGATTO, P.A.; ARAGÃO, M.A. **Manual de orientação em casos de florações de algas tóxicas: um problema ambiental e de saúde pública.** São Paulo. Série Manuais, 14- Cetesb. 20p. 1997.

ANEXO

CÁLCULO DO BIOVOLUME CELULAR[1]

No trabalho de Hillebrand *et al.* (1999) são descritas 22 (vinte e duas) formas básicas para o cálculo de Biovolume, porém, não são todas que se aplicam a cianobactérias. A grande maioria dos gêneros de cianobactérias tem três formas básicas: esfera, cilindro e esfera achatada no centro. Somente o gênero *Merismopedia* constitui colônias com forma diferente: cubóide.

Gênero	Forma
Anabaena, Aphanocapsa, Chroococcus, Gleocapsa, Gonphosphaeria, Microcystis, Nodularia, Synechococcus, Synechocystis	Esfera
Anabaenopsis, Aphanizomenon, Cylindrospermopsis, Limnothrix, Lyngbya, Nostoc, Oscillatoria, Plectonema, Pseudanabaena, Raphidiopsis, Spirulina	Cilindro
Anacystis, Aphanothece, Cyanobacterium, Cyanothece, Gloeobacter, Gloeothece	Esfera achatada
Merismopedia	Cubo

---

1. Baseado em Hillebrand, H.; Dürselen, C. D.; Kirschtel, D. Biovolume calculations for pelagic and benthic microalgae. **J. Phycol.**, v. 35, p. 403-424, 1999.

Esfera

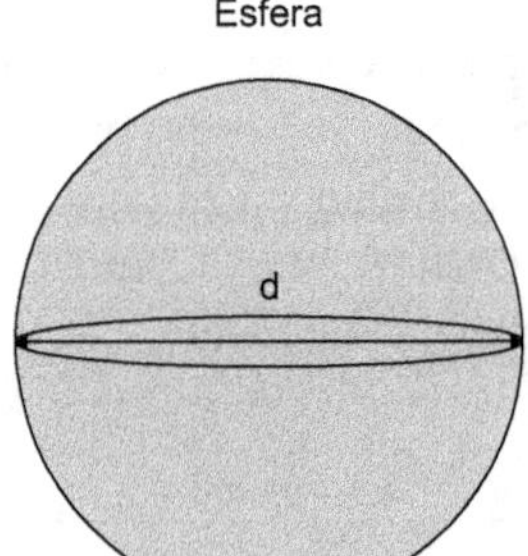

Seção transversal

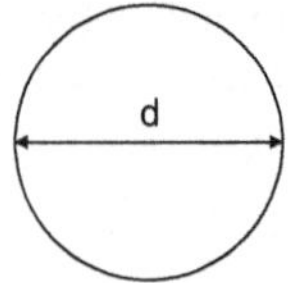

$$V = \frac{4}{3} \cdot \pi \cdot r^3 = \frac{\pi}{6} \cdot d^3$$

$$A = 4 \cdot \pi \cdot r^2 = \pi \cdot d^3$$

Esfera achatada

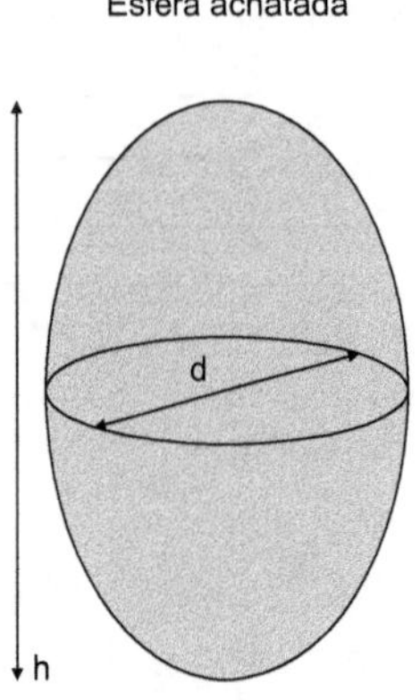

Seção transversal   Seção apical

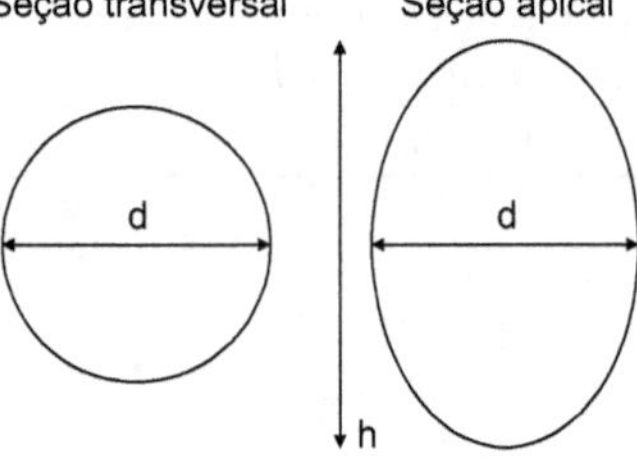

$$V = \frac{\pi}{6} \cdot d^2 \cdot h$$

$$A = \frac{\pi \cdot d}{2} \cdot \left(d + \frac{h^2}{\sqrt{h^2 - d^2}} \, \sin^{-1} \frac{\sqrt{h^2 - d^2}}{h} \right)$$

Cilindro   Seção transversal   Seção apical

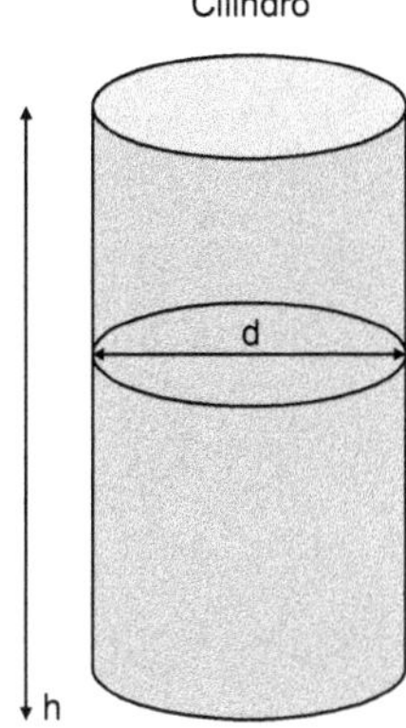

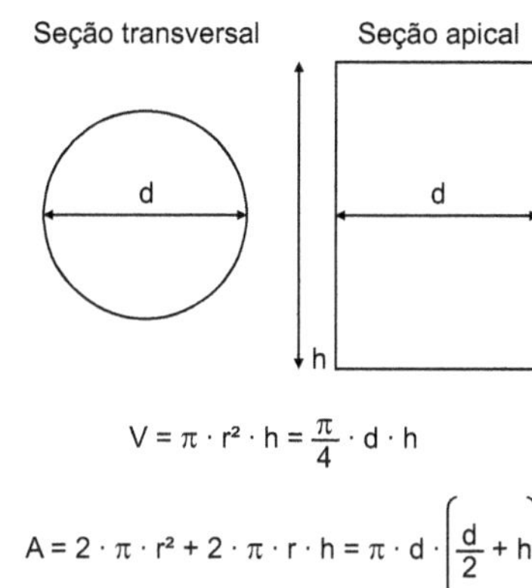

$$V = \pi \cdot r^2 \cdot h = \frac{\pi}{4} \cdot d \cdot h$$

$$A = 2 \cdot \pi \cdot r^2 + 2 \cdot \pi \cdot r \cdot h = \pi \cdot d \cdot \left(\frac{d}{2} + h \right)$$

Cubo   Seção transversal

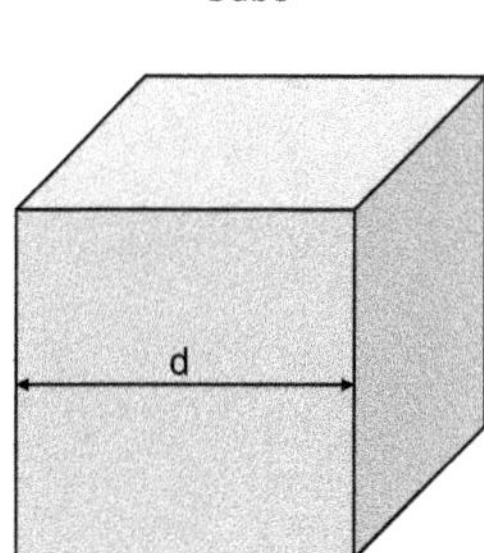

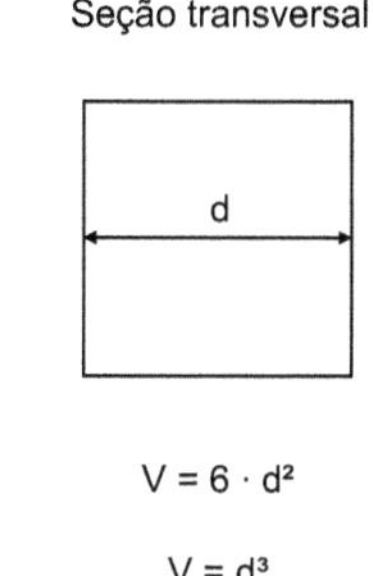

$$V = 6 \cdot d^2$$

$$V = d^3$$

www.ingramcontent.com/pod-product-compliance
Lightning Source LLC
LaVergne TN
LVHW020342200726
843507LV00012B/2461